# Instandhaltung
# von Fernmeldeanlagen

Von

**Ernst Plass**

Mit 96 Bildern

München und Berlin 1942

Verlag von R. Oldenbourg

# Taschenbuch für Fernmeldemonteure

## Teil 3

Copyright 1942 by R. Oldenbourg, München und Berlin

Druck von R. Oldenbourg, München

Printed in Germany

# Vorwort

Apparate, Geräte und Einrichtungen für Fernmeldeanlagen sind nur zum Teil genormt. Ebenso sind die Schaltungen, die die Hersteller dieser Anlagen anwenden, verschieden. Wenn es auch nicht unmöglich ist, für jede Ausführungsart eine genaue Anleitung für die Instandhaltung zu geben, so würde es doch ein nutzloses Unterfangen sein, sie in einem Buch zusammenzufassen, wo doch jeder Hersteller von Fernmeldeeinrichtungen seine besonderen Vorschriften hierüber herausgibt und sich unter Berufung auf die §§ 15, 36 und 38 des Urheberrechtsgesetzes vom 19. Juni 1901, die §§ 18 und 19 des Gesetzes gegen unlauteren Wettbewerb vom 1. Juni 1909 und die §§ 823 und 826 BGB gegen die Vervielfältigung usw. seiner Zeichnungen verwahrt. Die Vorschriften der Hersteller enthalten alles, was bei der Behandlung der einzelnen Teile beachtet werden muß, geben jedoch nicht die Kenntnisse wieder, die allgemein bei einem Fernmeldemonteur vorausgesetzt werden müssen, wozu auch die Instandhaltung der Leitungen rechnet. Das soll nun die vorliegende Arbeit bewirken. Sie gibt also in bezug auf die einzelnen Ausführungsarten von Fernmeldeeinrichtungen nur allgemeine Anleitungen, während die Instandhaltung der Leitungen einschließlich der an ihnen vorzunehmenden Messungen eingehender behandelt wird.

Frankfurt (Main), im November 1941.

Der Verfasser.

1*

# Inhaltsverzeichnis

# I. Allgemeines

Jede Fernmeldeanlage besteht aus zwei Arten von Geräten: den Gebern und den Empfängern sowie den zu ihrer Verbindung dienenden Einrichtungen, den Leitungen und den Stromversorgungen. Wie jede andere Anlage, erfordert auch sie eine Wartung ihrer Teile, damit sie die an sie gestellten Ansprüche erfüllen kann. Richtige Bedienung und schonende Behandlung der Geräte durch die Benutzer sind eine selbstverständliche Voraussetzung hierfür. Ordnungsmäßige Benutzung und sorgfältige Wartung gewährleisten ein zuverlässiges Arbeiten der Anlage, wenngleich sie das zeitweilige Auftreten von Störungen nicht ausschließen können, weil vorbeugende Maßnahmen gegen einen Verbrauch und eine Beeinflussung der Teile nicht immer sogleich getroffen werden können. Wartung und Entstörung bilden den Begriff: Instandhaltung.

Um einen Überblick von den für die Wartung und Entstörung entstandenen Kosten zu erhalten, wird für jede Anlage eine Karte geführt. Sie gibt Aufschluß über den Tag, die vorgenommenen Arbeiten, die aufgewandten Arbeits- und Wegestunden nebst den hierfür gezahlten Beträgen sowie dem Fahrgeld und über die Materialkosten.

# II. Wartung

Die Wartung besteht in der Prüfung und Pflege der Anlage. Die auszuführenden Arbeiten ergeben sich aus dem Ergebnis der Prüfung und aus den vom Hersteller der Geräte und Einrichtungen erlassenen Vorschriften.

## A. Zeitraum

Die Wartung muß in regelmäßigen Abständen erfolgen, und zwar für

Signalanlagen (Lichtsignal-, Wasserstandsfernmelde-, Grubensignal-Anlagen) . . . . . jährlich

Anlagen besonderer Art
    Feuermelde- und Polizeiruf-Anlagen . . . monatlich
    jährlich[1)]
    Wächterkontrollanlagen . . . . . . . . jährlich
    Selbsttätige Feuermelde- und Gefahrmelde-
    anlagen . . . . . . . . . . . . . halbjährlich
    Raumschutzanlagen . . . . . . . . . halbjährlich

---

[1)] S. unter 4a auf S. 22.

Uhrenanlagen . . . . . . . . . . . . . . monatlich
                                     jährlich[1])

Fernsprechanlagen
   Reihen- und Schrankanlagen . . . . . . jährlich
   W-Anlagen . . . . . . . . . . . . . vierteljährlich

Stromversorgungsanlagen
   Netzspeisegeräte in den ersten 18 Monaten halbjährlich
                                später
   Sammler mit Dauerladung . . . . . . . vierteljährlich
      „     „  Zeitladung . . . . . . . . täglich
   Trockenelemente . . . . . . . . . . jährlich

Frei- und Kabellinien . . . . . . . . . . alle 2 Jahre

Erdungen

| Art | untersuchen | | messen | |
|---|---|---|---|---|
| | große Empfangs- und Vermittlungseinrichtungen | einzelne Gerate | große Empfangs- und Vermittlungseinrichtungen | einzelne Geräte |
| besondere Erder (Rohr und Bandstahl) Betriebserdungen Sicherungserdungen Blitzerdungen Starkstromschutzerdungen | jährlich | [2]) jährlich | alle 3 J. | [2]) alle 3 J. |
| Rohrnetzerder | alle 4 Jahre | | — | |

## B. Geräte und Einrichtungen

### 1. Allgemeines

Die Prüfung der Geräte und Einrichtungen erstreckt sich auf die richtige Einstellung und das sichere Arbeiten der Apparate usw. Die mit Schaltgliedern in Eingriff kommenden Schneiden, Flächen (Klinken, Hebel, Schienen usw.), die einer Abnutzung unterworfen sind, müssen glatt und ohne Grat sein. Bewegliche Teile dürfen nicht klemmen. Alle Schrauben und Muttern müssen nach erfolgter Einstellung fest angezogen sein. Die Apparate sind entsprechend den Bedienungsvorschriften so zu prüfen, daß alle Betriebsvorkommnisse erfaßt werden. Zur Pflege gehort die Schmierung der Apparate und der Austausch abgenutzter oder verbrauchter Teile.

Zur Schmierung wird Öl und Fett verwendet. Allgemein dient Öl für die Lager, Fett für die übrigen Teile (Gleitflächen usw.). Vor der Schmierung sind alte Reste von Schmiermitteln mit säurefreien Fettlosungsmitteln (Tetrachlorkohlenstoff, Trichloräthylen) zu ent-

---

[1]) S. unter 5 auf S. 22.
[2]) Betriebserdungen brauchen nicht regelmaßig untersucht und gemessen zu werden, weil sie einen Teil der ganzen Leitungsanlage bilden,

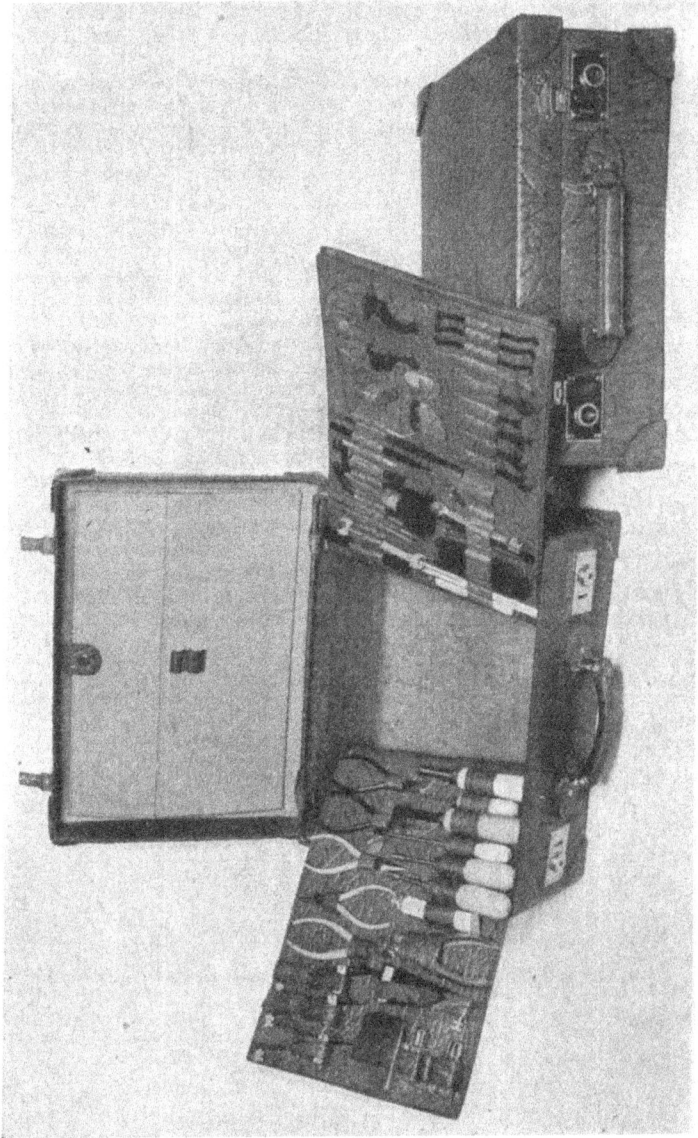

Bild 1. Werkzeugkoffer

fernen. Drähte, Schnüre und Kontakte dürfen weder mit Öl und Fett
noch mit den Fettlösungsmitteln in Berührung kommen. Die Schmierung hat in so geringen Mengen zu erfolgen, daß ein Ab- und Durch-
laufen nicht stattfindet. Im Laufe der Zeit verdicken und verharzen
die Schmiermittel und vermischen sich mit Staub, der selbst durch die
beste Kapselung dringt. Daher müssen die Apparate in regelmäßigen
Fristen auseinandergenommen, gereinigt und geschmiert und wieder
zusammengesetzt werden.

Die Hersteller geben für die Einstellung sowie die Schmierung und
Reinigung Vorschriften heraus.

## 2. Werkzeug

Für die Einstellung und den Austausch der Apparate muß geeignetes Werkzeug vorhanden sein, das in einem handlichen Koffer
untergebracht wird (Bild 1). Er enthält Steck-,
Muttern- und Schraubenschlüssel, verschiedene
Arten von Zangen, Schraubenzieher, Biegeeisen,
Meßbleche, Federwaagen, Federspanner, Kontaktreiniger, Stellstifte, Blenden- und Lampenzieher, Pinzette, Hohlspiegel, Justierlampe
(Bild 2), Fettube und Ölflasche. Außerdem dient
er zur Aufnahme von Prüfeinrichtungen, Löt-
kolben und Meßinstrumenten sowie Ersatzteilen
für Geräte und Einrichtungen. Mit Ausnahme
der Federwaagen, der Federspanner, der Kontaktreiniger, der Kontaktzange, der Blenden-
und Lampenzieher sowie der Prüfeinrichtungen und der Meßinstru-
mente ist ihr Gebrauch aus der Feinmechanik bekannt.

Bild 2.
Justierlampe

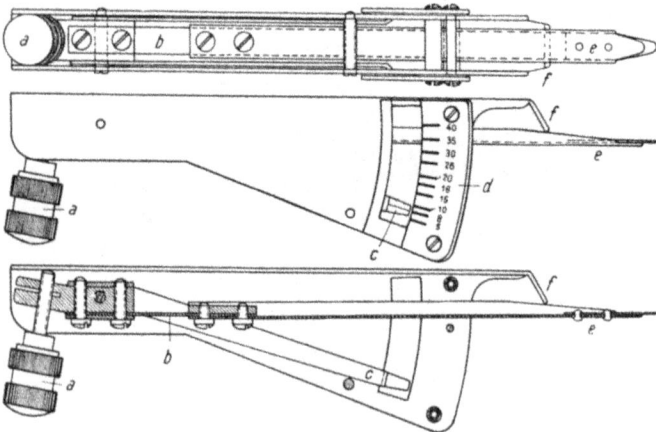

Bild 3. Federwaage mit Einstellung

## a) Federwaage

Die Federwaagen (Bild 3) dienen zum Prüfen des Kontaktdruckes von Federn. Sie werden für verschiedene Meßbereiche bis zu 1000 g hergestellt. Innerhalb der bestimmten Meßbereiche können sie mit der Stellschraube *a* auf einen bestimmten Druck der Spannfeder *b* eingestellt werden. Der Zeiger *c* gibt diesen Druck an der Skala *d* in Gramm an. Bei allen Einstellungen liegt die Zunge *e* am Anschlag *f*.

Bild 4. Kontaktdruckmessung, Anfangswert

Bild 5. Kontaktdruckmessung, Endwert

Es empfiehlt sich, die Feder *b* nach Gebrauch der Waage zu entspannen. Der Zeiger *c* steht dann auf Null. Die Meßgenauigkeit ist von Zeit zu Zeit durch Gewichte, die an die Zunge *e* zu hängen sind, zu prüfen. Die Zunge *e* muß ihren Anschlag *f* verlassen, wenn sie mit dem Gewicht belastet wird, das der Einstellung des Zeigers *c* entspricht.

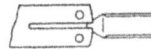

Bild 6. Messung am Doppelkontakt

Gemessen wird sowohl der Kontaktdruck als auch der Druck einer Feder auf ihre Gegenlage (Stützdruck).

Der Kontaktdruck wird dadurch festgestellt, daß die Kraft ermittelt wird, die nötig ist, um den Kontakt zweier aufeinander drückender Federn aufzuheben. Zu diesem Zweck müssen Arbeitskontakte betätigt werden, z. B. durch Andrücken des Relais-

Bild 7. Stutzdruckmessung, Anfangswert

Bild 8. Stutzdruckmessung, Endwert

ankers. Alle Federn, die sonst noch auf der zu messenden ruhen, müssen abgehoben werden. Nachdem die Waage etwas unter den vorgeschriebenen Anfangswert eingestellt worden ist, wird die Zunge *e* mit ihrer Spitze unter die aufliegende Feder gebracht und versucht, sie abzuheben. Hierbei muß sich die Zunge *e* von ihrem Anschlag *f* entfernen, ohne daß sich der geschlossene Arbeits- oder der Ruhekontakt öffnet (Bild 4). Andernfalls ist der Kontaktdruck zu gering. Darauf wird der

Zeiger *c* auf den vorgeschriebenen Endwert eingestellt. Jetzt muß sich der Kontakt offnen, und die Zunge *e* muß am Anschlag *f* bleiben (Bild 5). Geschieht dies nicht, so ist der Kontaktdruck zu groß.

Bild 9. Federwaage mit unmittelbarer Ablesung des Drucks

Bei Doppelkontakten muß die Zunge *e* während der Messung unter beide Hälften der geschlitzten Feder gehalten werden (Bild 6).

Beim Messen des Stutzdrucks auf die Gegenlage darf sich bis zum Anfangswert die Feder nicht abheben und muß sich die Zunge *e* vom Anschlag entfernen (Bild 7). Bei eingestelltem Endwert muß das Gegenteil eintreten (Bild 8).

Außer dieser Federwaage sind auch Waagen im Gebrauch, an denen der Druck in Gramm ohne weiteres abgelesen werden kann (Bild 9). Die Zunge $a$ ist bei $b$ gelagert. Sie besitzt an ihrem einen Ende einen flachen Stift $c$, am andern Ende einen am Rande mit Zähnen versehenen Sektor $d$. Die Zähne greifen in den Trieb der Achse $e$. Die feine Spiralblattfeder $f$ auf dieser Achse hält den auf ihr sitzenden Zeiger $g$ in der Mittel-(Null-)lage. Auf dem Sektor $d$ befindet sich eine Scheibe $h$. Gegen sie legen sich die beiden Blattfedern $i$. Sie sind so bemessen, daß der Zeiger $g$ den durch sie beim Messen erzeugten Druck auf der Skala $k$ in Gramm anzeigt.

### b) Federspanner

Die Federspanner (Bild 10) dienen zum Einstellen der Kontaktfedern gemäß den von den Herstellern herausgegebenen Vorschriften. Sie sind entsprechend ihrer Anwendung verschieden geformt und tragen

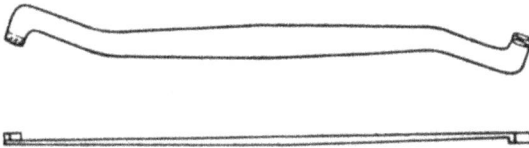

Bild 10. Federspanner

an ihren Enden Mäuler, deren Schlitze den zu behandelnden Federstärken angepaßt sein müssen. Zum Spannen ist die Feder nach ihrer Befestigung zu mit dem Schlitz zu fassen und unter gleitender Bewegung des Federspanners in der Richtung nach dem Kontakt zu spannen (Bild 11). Federn mit Gegenlage müssen unbedingt auf dem freien Ende der Gegenlage aufliegen (s. auch Bild 7).

Bild 11 Spannen einer Feder

Bild 12. Kontaktreiniger

### c) Kontaktreiniger

Kontaktreiniger sind schmale Hölzchen, die an ihren Enden auf beiden Seiten mit Fensterleder belegt sind (Bild 12). Sie werden zwischen die beiden zu reinigenden Kontakte gebracht und nehmen beim Hin- und Herziehen den Schmutz weg.

Zur Entfernung von Brandstellen und Kratern dienen kleine Kontaktfeilen, deren Hieb in einer geringen Aufrauhung der Oberfläche besteht.

Plass, Instandhaltung. 2

### d) Kontaktzange

Schadhafte Kontakte lassen sich mit der Kontaktzange (Bild 13) auswechseln. In die beiden Backen können verschiedene Einsätze gebracht werden, mit denen die alten Kontakte aus den Federn heraus-

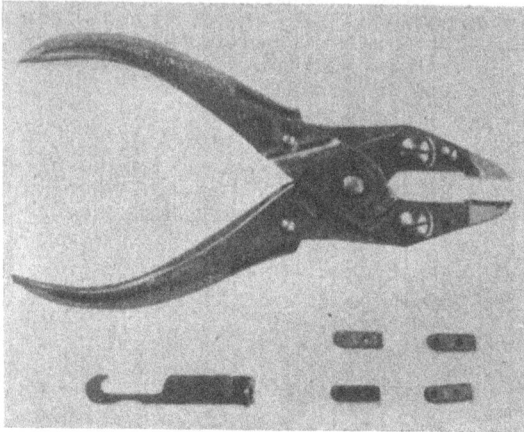

Bild 13. Kontaktzange

gedrückt und die neuen eingepreßt werden. Die Einsätze können nach Abheben der Haltefedern mit einem Ziehblech herausgenommen werden.

### e) Blendenzieher

Der Blendenzieher (Bild 14) ist eine Pinzette mit rechtwinklig umgebogenen kurzen Spitzen, mit denen der Rand der Blende zum Abnehmen gefaßt werden kann.

### f) Lampenzieher

Der Lampenzieher (Bild 15) trägt an seinem Griff ein unten geschlitztes federndes, aufgerauhtes Rohr, das zum Herausziehen auf die Lampe geschoben wird. Das Einsetzen der Lampen in ihre Fassungen erfolgt ohne Hilfsmittel mit der Hand.

### g) Prüfeinrichtungen

#### α) *Handapparat mit Nummernscheibe*

Der Handapparat mit Nummernscheibe (Bild 16) dient zum Einschalten, Wählen und Sprechen in einer Verbindung. Zum Anschluß trägt er gewöhnlich Klammern. Für die Klinken an Gestellen ist er mit einem Stöpsel versehen.

Bild 14. Blendenzieher

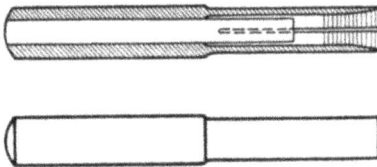
Bild 15. Lampenzieher

*β) Kopffernhörer mit Kondensator*

Der Kopfhörer mit Kondensator (Bild 17) besitzt einen Schalter, mit dem der Kondensator, der dem Hörer vorgeschaltet ist, kurzgeschlossen werden kann. Der Kondensator wird benötigt, wenn Betriebsvorgänge durch Gleichstromschluß nicht geändert werden sollen, z. B. beim Prüfen des ankommenden Rufstroms, durchgeschlagener Kondensatoren usw.

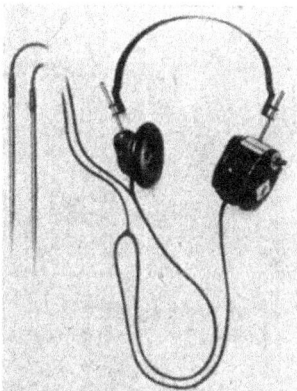
Bild 16. Prüfhandapparat mit Nummernscheibe

*γ) Prüfsummer*

Das Gehäuse des Prüfsummers (Bild 18) enthält einen Summer und ein Sternschau-

Bild 17. Kopfhörer mit Kondensator

Bild 18. Prüfsummer

2*

zeichen sowie eine Taschenlampenbatterie. Der Summer ist eingeschaltet, wenn der Stecker in den mit $S$ bezeichneten Buchsen steckt.
Wird der Stecker in die mit $Sp$ bezeichneten Buchsen eingeführt, so
tritt das Sternschauzeichen an seine Stelle. Die Anschlußschnur
endet an zwei Griffeln mit Metallspitzen. Die Einrichtung dient vor-
nehmlich zum Ausprüfen (Ausklingeln) von Drahtverbindungen.

### h) Meßinstrumente

An Meßinstrumenten werden ein Spannungsmesser für — und ∿
bis 300 V, ein Strommesser für — und ∿ bis 6 A, ein Widerstandsmesser
bis 10000 $\Omega$ und ein Isolationsmesser bis 100 M$\Omega$ benötigt. Wegen
ihres Gebrauchs s. unter IV auf S. 74.

### 3. In Signalanlagen

#### a) Lichtsignalanlagen

Besonderes Augenmerk ist darauf zu richten, ob die Lampen noch
die erforderliche Leuchtkraft besitzen. Schadhafte Schnüre der Tisch-
tasten usw. sind auszuwechseln oder nachzusetzen.

Zum Nachsetzen ist das schadhafte Ende abzuschneiden und die
Beflechtung auf die für die Litzen erforderliche Länge mit der Schere
zu entfernen. Das Ende der stehengebliebenen Beflechtung wird mit
dünnem Garn abgebunden. Hierbei wird wie bei der Herstellung eines
Kabelwickels verfahren (s. Bau von Fernmeldeanlagen, Teil 1)[1]. Hanf-
schnüre sind hart am Wickel abzuschneiden. Die Beflechtung und
Bespinnung der Litzen wird auf einige mm beseitigt und die
Litzendrähte verdrillt, um einen Kabelschuh oder eine Öse zu erhalten.
Der Kabelschuh wird auf das Ende der beflochtenen Litze gesetzt
und die blanke Litze um ihn geschlungen und hineingelegt (Bild 19a).
Darauf werden die aufrecht stehenden Lappen mit einer Flachzange
fest an die Litze gedrückt (Bild 19b). Zur Erzielung einer runden

---

[1] Im selben Verlag erschienen.

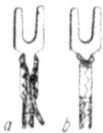

Bild 19.
Kabelschuh

Bild 20. Ösenzange

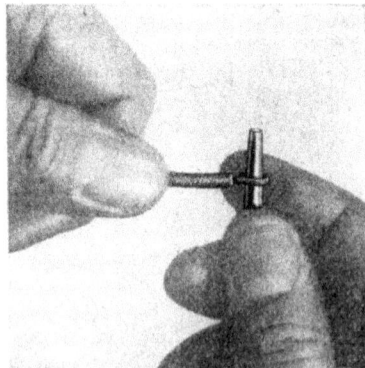

Bild 21. Zurichten mit dem Dorn

Röhrenform empfiehlt es sich, beide Backen der Flachzange mit einer dem Kabelschuh angepaßten Rille zu versehen.

Für das Aufbringen der Öse dient eine Zange (Bild 20). Die blanke, verdrillte Litze wird mit einem Eisendorn zu einem Ring geformt (Bild 21). Darüber wird die Öse (Bild 22) mit den Fingern so gedrückt, daß die Beflechtung miterfaßt wird, und beide zusammen in die Matrize

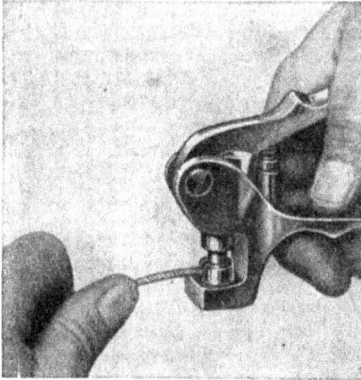

Bild 22. Öse

Bild 24.
Schnur mit Öse

Bild 23. Bordeln mit der Ösenzange

der Zange gelegt (Bild 23). Hierbei muß die Bodenfläche der Öse nach dem Zangenstempel (oberer Schenkel) zeigen. Beim Zusammendrücken der Zangenschenkel wird die Öse gebördelt (Bild 24).

Es ist darauf zu achten, daß die Litzen durch richtige Benutzung der an den Tasten usw. vorhandenen Befestigungseinrichtungen (Schellen, Schrauben) von jeglichem Zug entlastet werden.

### b) Wasserstandsfernmeldeanlagen

Vor allen Dingen muß dem Kontaktwerk Beachtung geschenkt werden, das meistens den Witterungseinflüssen stark ausgesetzt ist. Seine Kontakte sind zu säubern. Die Achslager sind zu ölen und alle Teile sowie das Seil mit seinen Rollen einzufetten. Auch das Gehäuse ist von außen rostfrei zu halten. Der Schwimmer ist auf Dichtigkeit zu prüfen und nach Beseitigung von Schmutz gut zu fetten. Nötigenfalls ist auch das Rohr oder die Stangenführung zu säubern.

Bei Widerstandspegeln ist der Pegel aus dem Rückleitungsrohr herauszuziehen und zu reinigen und die Kohlenstäbe auf schadhafte Glieder zu untersuchen.

### c) Grubensignalanlagen

Die Teile der u.T.-Geräte müssen stets gut gefettet und ihre Lager geölt sein. Die Kontakte sind sauber zu halten. Für die Pflege der übrigen Geräte gilt das übliche.

## 4. In Anlagen besonderer Art

### a) Feuermelde- und Polizeirufanlagen

#### α) *Allgemeines*

Während das Empfangsgerät stets in trockenen Räumen sitzt, befinden sich die Melder größtenteils im Freien. Bei ihrer seltenen Inanspruchnahme ist es daher nötig, den Ablauf der Melderwerke und den richtigen Eingang der Meldungen monatlich zu prüfen. Damit auch erkannt werden kann, ob die Erdung der Melder in Ordnung ist, müssen die Meldungen bei einem in der Empfangszentrale künstlich erzeugten Drahtbruch gegeben werden. Einmal im Jahr müssen die Teile der Melder nachgesehen, die Kontakte gereinigt und das Werk geölt und gefettet werden.

Die Behandlung der Empfangseinrichtung richtet sich nach ihrer Art und den von den Herstellern gegebenen Anweisungen.

#### β) *Mannschaftsalarmanlagen*

Die Mannschaftsalarmanlagen müssen monatlich einmal geprüft werden, und zwar wie die Melder auch bei Drahtbruch.

#### γ) *Fernsprecheinrichtungen*

Die mit den Anlagen verbundenen Fernsprecheinrichtungen werden mit den Meldern und den Alarmweckern zusammen geprüft.

### b) Wächterkontrollanlagen

Da die Melder täglich benutzt werden, braucht ihr Ablauf nicht wie bei den Feuermeldern besonders geprüft zu werden. Dies trifft gewöhnlich auch auf eine vorhandene Sperreinrichtung zu. Hinsichtlich der Pflege gilt sowohl für die Melder als auch für die Empfangszentrale das gleiche wie für Feuermeldeanlagen.

### c) Selbsttätige Feuermelde- und Gefahrmeldeanlagen

Da die Melder vom Ruhestrom der Schleife durchflossen werden und sich ohne äußere Einflüsse nicht verändern können, kann sich die Prüfung auf die Empfangseinrichtung, insbesondere auf die mit Arbeitsstrom arbeitenden Alarmstromkreise, beschränken. Das zuverlässige Ansprechen der Differentialmelder kann durch Unterhalten einer Wärmequelle (Feuerzeug) geprüft werden.

### d) Raumschutzanlagen

Die Bedienung der selbsttätigen Melder ist nicht immer fachgemäß. Daher muß ihr Zustand und ihre Einstellung regelmäßig geprüft werden. Hierbei werden dann auch die Empfangseinrichtung und die Alarmstromkreise vorgenommen. Dies gilt auch für den optischen Raumschutz.

## 5. In Uhrenanlagen

Die regelmäßigen Prüfungen der Uhrenanlagen sollen dafür sorgen, daß die Uhren richtig gehen. Daher muß die Regulierung der Hauptuhr monatlich erfolgen. Für die richtige Regulierung ist es nötig, daß eine Gangtabelle (Zahlentafel 1) geführt wird.

### Zahlentafel 1

### Gang-Tabelle

| Datum 19 | Tage | Minuten | | reg. Teilstr. | Revisor | Bemerkung |
|---|---|---|---|---|---|---|
| | | vor | nach | | | |
| . ... | ............ | ............ | | . .. | . ... | . |
| . .. . | | | | . ... . | | ...................... |

Hauptuhren müssen mindestens einmal im Jahr geölt werden. Für Nebenuhren ist dies durch die große Kraft im Räderwerk von ungleich großer Bedeutung, aber doch wünschenswert. Das Öl darf verdunsten, aber nicht verhärten. Zum Ölen wird normales Wanduhrenöl benutzt. Sind Aufzugsmotore oder sonstige Teile mit einem roten Punkt versehen, so sind sie mit synthetischem Öl zu behandeln.

Die Reinigung der Uhren richtet sich nach den örtlichen Verhältnissen, sollte aber mindestens alle drei Jahre erfolgen.

Für die Kontaktvorrichtungen der Hauptuhren und der Signaluhren sowie für die Signalgeräte (Wecker, Hupen usw.) gelten die allgemeinen Grundsätze. Der Kontaktdruck wird von den Herstellern vorgeschrieben.

### 6. In Fernsprechanlagen

#### a) Allgemeines

Die Prüfung schließt sämtliche Verbindungsvorgänge ein, die sich bei Nebenstellenanlagen aus der vorgeschriebenen Regel- und Ergänzungsausstattung, im übrigen aus der Beschreibung und der Bedienungsanweisung ergeben. Hierbei müssen auch alle für Querverbindungen vorgesehenen Verbindungsmöglichkeiten mit Amtsleitungen und anderen Querverbindungen erfaßt werden.

Das Prüfen der einzelnen Verbindungsabschnitte sowie der durch besondere Betriebsverhältnisse bedingten Vorgänge, z. B. beim Besetztsein aller Amtsleitungen oder der verlangten Sprechstelle, beim Rufweiterschalten und Nichtbeantworten des Anrufs bei der ersten Abfragestelle, und der während der Gesprächsverbindung möglichen Vorgänge ist in der Regel gleichmäßig auf alle Prüfverbindungen zu verteilen, so daß jeder Einzelvorgang nur einmal geprüft wird.

In Anlagen mit mehreren Amtsleitungen kann ein Teil der abgehenden Prüfverbindungen mit einer anderen Amtsleitung der Anlage hergestellt werden, so daß gleichzeitig eine abgehende und eine ankommende Verbindung geprüft wird.

Außer der Abfragestelle und der Vermittlungseinrichtung muß jede Sprechstelle, also auch die außenliegenden, geprüft werden.

Bei den Prüfverbindungen ist zu achten auf:

1. den ordnungsmäßigen Verlauf der Verbindungen,
2. die Sprechverständigung zwischen den beiden verbundenen Sprechstellen,
3. das Auftreten unzulässiger Begleiterscheinungen, z. B. Übersprechen.

### b) Handbediente Vermittlungseinrichtungen

Für jede Prüfverbindung ist ein anderes Schnurpaar zu benutzen. Schadhafte Schnüre sind auszuwechseln oder, wenn sie nur am Stopsel gebrochen und noch lang genug sind, nachzusetzen. Hierbei wird wie beim Nachsetzen der Schnüre in Lichtsignalanlagen verfahren (s. unter 3a auf S. 20). Die Kupfergespinstleiter der Schnüre erhalten stets Kabelschuhe.

### c) W-Einrichtungen

#### α) *Amtsleitungen*

Durch besondere Mittel muß verhindert werden, daß bei den Prüfungen dieselbe Amtsleitung mehrmals benutzt wird. Dies gilt auch für die Herstellung von Verbindungen in ankommender Richtung. Bei Sammelnummern müssen daher bereits benutzte Amtsleitungen durch Bestehenlassen von Verbindungen besetzt gehalten werden. Natürlich kann diese Maßnahme nur während der verkehrsschwachen Zeit angewendet werden.

#### β) *Innenverbindungssätze*

Das gleiche trifft auch auf die Innenverbindungssätze zu. Bereits geprüfte Sätze können durch Herausnahme der Sicherung oder mit einem Schalter außer Betrieb gesetzt werden.

#### γ) *Nachtabfragestellen und Einzelnachtschaltungen*

Bei Nachtabfragestellen und Einzelnachtschaltungen genügt eine Prüfverbindung mit dem Amt in ankommender Richtung.

#### δ) *Rückfrageverbindungen und Umlegungen*

Rückfrageverbindungen und Umlegungen sind wegen ihrer Wichtigkeit mehrmals zu prüfen.

#### ε) *Frequenzen*

Dies gilt auch für die richtige Frequenz der Rufstrome und der Besetzt- und Freizeichen.

#### ζ) *Entstauben*

Große W-Einrichtungen müssen alle drei Monate entstaubt werden. Es gibt noch kein Mittel, mit dem dies ohne Gefährdung der Einrichtungen gründlich gemacht werden kann. Von den Schutzkappen der Apparate kann der Staub mit einem Tuch gewischt werden, wobei er aber nicht aufgewirbelt werden darf. Von anderen Teilen muß er vorsichtig mit einem Pinsel abgehoben und durch einen Staubsauger aufgesogen werden. Stehen die Gestelle in einer Reihe nebeneinander, läßt sich die Entfernung des Staubes auch mitunter dadurch erreichen, daß der Staub weggeblasen und durch kräftige Zugluft, die durch Öffnen der Türen und Fenster erzeugt wird, ins Freie getragen wird.

## d) Sprechstellen

### α) *Mikrophone*

Zum Reinigen des Mikrophons ist Fließpapier, ein Putzlappen oder ein Schwämmchen und ein flüssiges Reinigungsmittel (3 bis 5% starke Rohlysoformlösung oder ein anderes geeignetes Reinigungsmittel) zu verwenden.

Der Ruhewiderstand der Mikrophone richtet sich nach der Art ihrer Speisung und des Fabrikats. So hat z. B. ein OB-Mikrophon 30 $\Omega$, ein ZB-Mikrophon 100 $\Omega$. Mikrophone, die größere Abweichungen von dem vorgeschriebenen Wert zeigen, sind auszuwechseln.

### β) *Fernhörer*

Ebenso ist mit Fernhörerkapseln zu verfahren, die in ihrer Wiedergabe schlecht sind oder verbeulte Membranen haben. Ihre Reinigung erfolgt mit den gleichen Mitteln wie bei Mikrophonen.

### γ) *Schnüre*

Während des Gespräches sind die Anschluß- und die Leitungsschnur zu bewegen, um Brüche in ihnen erkennen zu können (Rauschen). Schadhafte Schnüre sind auszuwechseln oder, wenn die Bruchstelle nahe den Enden liegt, nachzusetzen.

Das Nachsetzen dieser mit Kupferlitzen versehenen Schnüre erfolgt in gleicher Weise wie bei anderen Schnüren (s. unter 3a auf S. 20). Die Schnüre werden entweder mit einem Wickel aus Garn oder mit einer Gummitülle versehen. Zum Aufsetzen der Tülle wird eine Zange benutzt (Bild 25). Der eine untere Schenkel dieser Zange trägt eine Schubstange, auf der ein Schlitten verschoben werden kann. Die Schubstange legt sich durch Federkraft gegen das Ende des andern Schenkels. Die oberen Schenkel besitzen an ihren Enden seitlich glatte Dorne. Ein dritter Dorn sitzt an einer zwischen den beiden Schenkeln gelagerten Schiene, die von zwei mit den unteren Schenkeln verbundenen Hebeln bewegt wird. Werden die unteren Schenkel der Zange gegen die Kraft

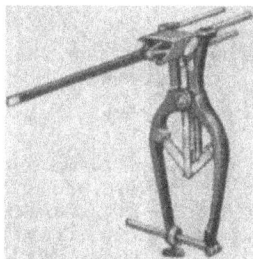

Bild 25.
Zange für Gummitüllen

der zwischen dem einen Schenkel und Hebel befindlichen Spiralfeder zusammengedrückt, so gehen die oberen Schenkel auseinander und die Schiene nach unten. Die drei Dorne entfernen sich also voneinander. Der Schlitten schnappt mit seiner Rille in den Einschnitt des Zangenschenkels und begrenzt und erhält hierdurch den Abstand der Dorne.

Der Schlitten wird zur Größe der Gummitulle entsprechend eingestellt. Die Tülle wird auf die geschlossenen Dorne geschoben und die Zange zusammengedrückt, bis der Schenkel in die Schlittenrille einfällt. (Diesen Zustand gibt Bild 25 wieder.) In die geweitete Tülle wird nun

die zugeschnittene Schnur so weit gesteckt, daß das Ende der Beflechtung noch innerhalb der Tülle bleibt, und die Zange durch Ausklinken
der Schubstange entspannt. Nachdem die Litzen zwischen den oberen
Zangenschenkeln herausgebogen worden sind, werden Tülle und Schnur
zusammen erfaßt und von den Dornen abgezogen.

Die einzelnen besponnenen Leiter der Reihenapparatschnüre werden wie Kabeladern mit Bindegarn ausgeformt (s. Bau von Fernmeldeanlagen, Teil 1)[1]).

Feuchtigkeitssichere Schnüre, die an der Gummihülle über der
baumwollenen Bespinnung des Leiters erkennbar sind, sind nur gegen
ebensolche auszuwechseln.

### δ) *Nummernscheiben*

Nummernscheiben dürfen in keiner Stellung stehenbleiben, sondern müssen jedesmal sicher in die Endstellung zurücklaufen. Für die
Prüfung ihres richtigen Ablaufs genügt die Beobachtung.

## C. Stromversorgungsanlagen

### 1. Netzspeisegeräte

Netzspeisegeräte erfordern praktisch keine Wartung. In den
ersten 18 Monaten ist die gewandelte Spannung halbjährlich zu prüfen
und erforderlichenfalls der Abgriff am Transformator zu ändern.

### 2. Sammler

#### a) Allgemeines

Im Sammlerraum muß größte Sauberkeit herrschen. Die Glas-
gefäße und Isolatoren müssen sauber und trocken gehalten werden.
Die Polschuhe der Sammler und die nicht gestrichenen Leitungen
müssen gut eingefettet sein. Die Holzgestelle sind jährlich mit Lein-
ölfirnis zu streichen.

Die Sammler dürfen nie unter der Grenze entladen werden, die
von den Herstellern vorgeschrieben ist. Die Spannung allein gibt aber
bei stark schwankender Entladestromstärke nie den wahren Zustand
der Batterie wieder. Es muß deshalb auch das spezifische Gewicht der
Säure hierbei herangezogen werden. Zum Messen dient die Senkwaage
(Aräometer), die in die Zelle eingesetzt wird oder bei vergossenen Samm-
lern in einem Säureheber eingebaut ist.

#### b) Zeitladung

##### α) *Ladung*

Bei der Ladung darf nur mit einer Stromstärke gearbeitet werden,
die den vorgeschriebenen Höchstwert nicht überschreitet. Sobald
die Gasentwicklung einsetzt, muß die Stromstärke zur Schonung der
Sammler nach einer Pause auf die Hälfte der höchstzulässigen herab-
gesetzt werden. Durch eine heftige Gasentwicklung werden positive
Masseteilchen abgerissen und die Lockerungsmittel der negativen

---

[1]) Im selben Verlag erschienen.

Platten ausgespült. Ferner wird die Batterie nicht richtig aufgeladen, weil die Umformung nur noch an der Plattenoberfläche vor sich gehen kann. Die Batterie ist aufgeladen, wenn in allen Zellen

1. die Spannung nicht mehr ansteigt,
2. die positiven Platten eine tiefbraune, die negativen Platten eine bleihelle (mausgraue) Färbung angenommen haben,
3. das spezifische Gewicht der Säure nach Unterbrechung der Ladung auf den Höchstwert gestiegen ist,
4. beide Plattensorten gleichmäßig gasen und die Säure milchig aussieht.

### β) Nachladung

Nach einer Stunde wird mit ⅓ der Höchststromstärke nachgeladen, um alle Bleisulfatreste zu beseitigen. Sobald alle beiden Plattensorten wieder gleichmäßig gasen, wird die Stromstärke noch einmal auf ihren Höchstwert gebracht.

Batterien, die mehr als drei Tage in Ruhe gestanden haben, sind zum Ausgleich der Selbstentladung noch einmal nachzuladen.

### γ) Sicherheitsladung

Die Nachladung allein gewährleistet jedoch nicht die Beseitigung allen Bleisulfats. Alle Vierteljahr wird daher eine Sicherheitsladung gemacht, die aus mehreren Nachladungen im Abstand von je einer Stunde besteht. Sie ist beendet, sobald nach der Einschaltung des Ladestroms beide Plattensorten sogleich gasen. Anschließend wird dann noch mit ⅙ der höchstzulässigen Stromstärke drei Stunden lang geladen. Steigt dabei noch die Säuredichte, so muß die Batterie künftig reichlicher geladen werden.

### c) Dauerladung

Der Ladezustand der Batterie muß im ersten Monat alle acht Tage nachgeprüft werden. Ergibt es sich, daß der mittlere Verbrauch höher oder niedriger ist, als angenommen wurde, so muß die Ladestromstärke mit dem Widerstand des Dauerladegeräts geregelt werden. Wegen der Messungen s. unter b auf S. 82.) Später ist nur eine vierteljährliche Prüfung nötig. Hierbei ist der Säurespiegel mit destilliertem Wasser auf den nötigen Stand zu halten. Beim Rückgang der Ladestromstärke in den ersten 18 Monaten ist die nächste Stufe am Transformator einzuschalten.

### d) Selbstregelnde Dauerladung und Kippdrosselschaltung

Es genügt, wenn die Batterie vierteljährlich geprüft wird. Zur Erzielung einer guten Lebensdauer der Batterie empfiehlt es sich, diese dann voll durchzuladen. Die Nennleistung wird bei der Alterung des Gleichrichters wie bei der gewöhnlichen Dauerladung wiederhergestellt.

### e) Pflege
#### α) Nachfüllen von destilliertem Wasser

Durch Verdunsten und durch die Gasentwicklung wird ständig destilliertes Wasser verbraucht, so daß der Säurespiegel sinkt und das spezifische Gewicht der Säure zunimmt. Das destillierte Wasser muß nach der Ladung ersetzt werden, bis die Flüssigkeit mindestens 10 mm über dem Plattenrand steht. Es muß frei von Chlor, Säure und schädlichen Metallen sein. Zur Prüfung wird ein Reagenzienkasten benutzt.

### β) Nachfüllen von Schwefelsäure

Durch die Gasentwicklung geht auch Schwefelsäure verloren. Mit dem Nachfüllen muß vorsichtig verfahren werden, weil der Grad des Verlustes nicht ohne weiteres durch Messungen im geladenen Zustand der Batterie, sondern erst nach einer Sicherheitsladung zuverlässig festgestellt werden kann. Fehlt Säure, so ist sie vor Beginn der Ladung zuzufügen. Die Säure muß den Vorschriften des Batterielieferers entsprechen und vor der Benutzung mit dem Reagenzienkasten geprüft werden.

### γ) Mischung

Wasser und Säure mischen sich nicht sogleich mit der im Gefäß vorhandenen Flüssigkeit, sondern mitunter erst nach mehreren Ladungen und Entladungen. Das spezifische Gewicht der Säure kann daher nicht unmittelbar nach dem Nachfüllen ermittelt werden.

Mischbottich und Säurekanne dürfen nur für die Sammler benutzt werden und müssen stets sauber sein.

### δ) Farbe der Platten

Positive Platten müssen im geladenen Zustande tief dunkelbraun, negative hellbleigrau gefärbt sein. Sind die geladenen positiven Platten hellbraun und weisen womöglich weiße Flecke auf, so ist der Sammler durch unzureichende Ladung sulfatiert. Schwache Sulfatierungen lassen sich durch normale Ladungen, starke nur durch lang ausgedehnte Nachladungen mit nur $1/8$ bis $1/35$ des höchstzulässigen Stroms sowie tiefe Entladungen beseitigen. Die Wirkung kann durch Verdünnen der Säure mit destilliertem Wasser unterstützt werden.

Eine tiefschwarze Färbung der positiven Platten läßt auf Überladungen schließen. Hierauf ist besonders bei gepufferten Batterien zu achten.

### ε) Richten der Platten

Beide Arten von Platten altern. Dies führt bei den positiven Platten zu Krümmungen. Zu tiefe Entladungen bringen an den positiven Platten die gleiche Erscheinung hervor und lassen bei den negativen Platten die Masse herausquellen. Kurzschlüsse, die hierdurch entstehen und beim Durchleuchten von Glaszellen leicht erkannt werden können, müssen durch rechtzeitiges Zwischenschieben von Glasstäben und Holzbrettchen verhindert werden. Außerdem muß dafür gesorgt werden, daß die Ladungen und Entladungen in den vorgeschriebenen Grenzen bleiben.

Bei jeder Prüfung sind schiefsitzende Brettchen auszurichten und morsche auszuwechseln. Auch Glas- und Hartgummistäbe müssen senkrecht stehen, damit sich auf ihnen keinen Masseteile ablagern und Kurzschlüsse verursachen können.

### ζ) *Entfernen von Schlamm*

Beim Altern der Platten und bei falschen Ladungen und Entladungen lösen sich Masseteile und sinken als Schlamm auf den Boden des Gefäßes. Die Ablagerung des Schlamms gibt ein Bild von der Wartung der Batterie. Ist sie stark, so ist die Batterie meist überladen oder zu tief entladen worden. Der Schlamm muß, bevor er die Plattenunterkante berührt, mit einem Heber beseitigt werden.

### 3. Trockengleichrichter

Die Nennleistung ist zu prüfen. Nötigenfalls sind die Abgriffe am Transformator zu ändern.

### 4. Quecksilberdampfgleichrichter

Alle beweglichen Teile müssen geschmiert sein. Die richtige Einstellung der Kippvorrichtungen ist zu prüfen.

### 5. Maschinen

#### a) Kollektoren und Schleifringe

Kollektoren und Schleifringe sind mit einem trockenen Tuch abzureiben. Fettige Schmutzschichten müssen mit einem in Benzin getränkten Lappen entfernt werden. Brandstellen lassen sich durch Abschleifen des kalten Kollektors oder Schleifringes beseitigen. Hierzu darf nur feinstes Schmirgelleinen benutzt werden, das mit einem der Rundung angepaßten Holzklotz auf den Kollektor oder den Schleifring gedrückt wird. Der Metallstaub ist sorgfältig mit einem Lappen abzuwischen. Vorstehende Glimmerschichten werden beim kalten Kollektor unter Gebrauch des Schleifklotzes mit Karborundumleinen und Öl abgeschliffen und der Glimmer dann noch mit einer Einstreichsäge etwa 0,5 bis 1 mm tief entfernt. Die Kanten der Kupferlamellen werden ein wenig gerundet und darauf der Kollektor mit feinstem Schmirgelleinen poliert. Die Reinigung des Kollektors erfolgt mit Benzin.

Läuft ein Kollektor unrund oder hat er starke Rillen oder tiefe Brandstellen, so muß er abgedreht werden.

Kollektoren und Schleifringe können mit Vaseline leicht eingefettet werden, wenn zu harte Bürsten starke Geräusche verursachen.

#### b) Bürsten

Schlechte Bürsten oder falsche Bürsteneinstellung bilden Funken. Abgenutzte Bürsten, die leicht daran erkannt werden konnen, daß sie warm werden, müssen ausgewechselt werden. Es ist ratsam, stets einen Vorrat von Bursten zu halten, die von dem Hersteller der Maschine unter Angabe der auf dem Leistungsschild vermerkten Nummer und Type bezogen werden müssen, damit alle Bürsten ein und desselben Kollektors gleich sind.

Die Bürstenhalter müssen 2 bis 3 mm vom Kollektor abstehen und gut festgeschraubt sein. Je nach der Art des Halters müssen die

Bürsten sich leicht bewegen können oder fest sitzen, sich aber stets mit kräftigem Druck auf den Kollektor oder den Schleifring legen.

Nach dem Einsetzen neuer Bürsten wird Schmirgelleinen mit der rauhen Seite nach außen um den Kollektor oder den Schleifring gelegt und der Kollektor in Drehrichtung bewegt, um die Bürsten einzuschleifen.

Die Bürsten müssen so versetzt sein, daß sie den Kollektor oder Schleifring auf seiner Breite gleichmäßig abnutzen. Die richtige Stellung der Bürstenbrille ist durch Marken an der Maschine und der Brille gekennzeichnet.

Bürstenlitzen müssen frei liegen und dürfen nicht durch ihren Drall hindern.

### c) Lager

Lager dürfen im allgemeinen nur handwarm werden und müssen geräuschlos laufen. Sie können mit einem gegen das Lager und das Ohr gehaltenen Holzstab abgehört werden. Machen sich Geräusche bemerkbar, so muß versucht werden, sie durch Reinigung und Schmierung des Lagers zu beseitigen. Ist dies erfolglos, so muß die Maschine in die Werkstatt genommen werden.

Bei Ringschmierlagern müssen die Ringe dauernd mitlaufen und genügend tief im Öl liegen. Muß Öl nachgegossen werden, so muß dies während des Stillstandes der Maschine geschehen. Alle Vierteljahr muß das Lager gereinigt werden. Dies geschieht nach Ablassen des alten Öls mit Petroleum. Neues Öl ist so lange einzufüllen, bis am Ablauf keine Beimengung von Petroleum mehr wahrzunehmen ist.

Bei Dochtschmierlagern muß der Docht auf der Achse schleifen und das Gefäß halb mit Öl gefüllt sein.

Öl darf nicht in das Innere der Maschine gelangen, weil es die Isolierung zerstört.

Für Kugellager und Wälzlager muß nach den Vorschriften der Hersteller zum Schmieren das konsistente Fett in regelmäßigen Fristen verwendet werden.

Ausgelaufene Lager müssen rechtzeitig erneuert werden, damit Läufer und Ständer nicht zusammengeraten und sich beschädigen.

### d) Schalter

Anlasser und Nebenschlußregler müssen metallisch reine Kontakte behalten. Auch auf den Druck der Kontaktfedern ist zu achten. Die Schleifstellen werden mit Vaseline leicht eingefettet. Sind sie rauh geworden oder verbrannt, so werden sie mit einer Feile geglättet.

Mindest-, Rückstrom- und Nullschalter sowie Motorschutzschalter müssen nach der Vorschrift der Hersteller eingestellt sein.

### 6. Trockenelemente

Trockenelemente müssen für Mikrophone im Ortsverkehr mindestens 0,7 V, im Fernverkehr 1,2 V besitzen. Wenn ihre Spannung unter Last nach 2 min unter 0,4 V sinkt, sind sie auch für andere Zwecke unbrauchbar.

Wegen der Messungen s. unter D2 auf S. 80 und C3b auf S. 79.

Auf den Elementen ist der Tag ihrer Ein- und Ausschaltung zu vermerken, um einen Überblick von der Güte des Elements und seiner Inanspruchnahme durch den Betrieb zu gewinnen.

## D. Leitungen in Gebäuden[1])

### 1. Isolierte Leitungen

Da die isolierten Leitungen vor jeglichen Witterungseinflüssen und bei richtiger Wahl und Verlegung auch vor anderen Einwirkungen geschützt sind, besteht die Wartung nur in der Säuberung ihrer Verteiler und Verzweiger sowie in der Prüfung und Pflege ihrer Schutzvorrichtungen.

#### a) Grobsicherungen

Alle Metallteile sind blank zu halten und nötigenfalls von Grünspan zu reinigen. Die Kappen müssen fest auf der heilen Glasröhre sitzen. Es ist darauf zu achten, daß die Fassungsfedernpaare gut gegen die Schneiden der Kappen drücken.

#### b) Feinsicherungen

Auch Feinsicherungen müssen sauber gehalten werden. Die Feder muß gut gespannt sein und einen guten Kontakt geben.

#### c) Kohlenblitzableiter

Die Kohlenstücke sind herauszunehmen und der an ihnen oder ihrer Zwischenlage haftende Kohlenstaub zu entfernen.

#### d) Luftleerblitzableiter

Hinsichtlich der Reinhaltung gilt das gleiche wie für Grobsicherungen. Zur Prüfung der Luftleere werden die Zuführungen eines besonderen Kurbelinduktors an die Kohlenelektroden gelegt. Bei einer Spannung von 400 bis 450 V muß eine Glimmentladung eintreten. Es ist darauf zu achten, daß die Lappen der Kappen fest in ihren Haltefedern sitzen.

### 2. Blanke Leitungen

Batterie- und Ladeleitungen müssen innerhalb der Batterieräume gut eingefettet sein. Der Emaillackanstrich ist nötigenfalls zu erneuern. Die Mantelrollen sind zu säubern und trockenzureiben.

## E. Außenleitungen[2])

### 1. Allgemeines

Die Freileitungen sind besonders den Witterungseinflüssen ausgesetzt, sie können aber auch durch Fahrlässigkeit (Anfahren der Maste, Zerreißen der Leitungen beim Baumfällen, Leitungsberührung durch Drachenschwänze oder Mutwilligkeit (Zertrümmern der Iso-

---

[1]) S. Bau von Fernmeldeanlagen, Teil 1; im selben Verlag erschienen.
[2]) S. Bau von Fernmeldeanlagen, Teil 2; im selben Verlag erschienen.

latoren, Leitungsberührung durch hochgeworfene Drahtreste) beschädigt werden.

Die Erdkabellinien sind den Witterungseinflüssen nahezu gänzlich entzogen, wenn es auch schon vorkommen kann, daß Blitzschläge Schutzhüllen und Adern der Kabel zerstören. Dafür wirken aber die Bestandteile des Erdreichs oder Gleichströme, die sich aus Starkstromanlagen in den Bleimantel und die Bewehrung verirren, zersetzend. Erschütterungen, denen die Kabel auf den Brücken ausgesetzt sind, vermindern die Festigkeit der Kabel. Dies zeigt sich auch bei Luftkabeln, die wie Freileitungen allen Witterungseinflüssen und äußeren Einwirkungen unterworfen sind. Es tritt eine kristallinische Umbildung des Bleies ein, und der Mantel wird brüchig und undicht. Die Kabel sind jedoch keineswegs vor Fahrlässigkeiten gänzlich sicher. Bei Erdarbeiten können ihre Bewehrung, ihr Bleimantel und ihre Adern beschädigt werden.

Flußkabel können dasselbe Schicksal durch schleppende Schiffsanker oder durch Eisschollen erleiden. Steiniger Untergrund und stetige Bewegung verursachen den gleichen Schaden.

Ferner können Gasansammlungen in Kabelschächten zu Explosionen führen.

Auch an den Endverschlüssen machen sich die Witterungseinflüsse bemerkbar. Staub und Feuchtigkeit schlagen sich auf den Isolierplatten nieder, die sich selbst auch im Laufe der Zeit in ihren Eigenschaften verändern können, und rufen Nebenschließungen hervor.

Alle diese unvermeidlichen Umstände erfordern es, den Zustand der Fernmeldelinien von Zeit zu Zeit zu prüfen, auch ohne daß eine Störung hierzu Veranlassung gibt.

Die Instandhaltungsarbeiten entfallen fast ausschließlich auf die Freilinien und bestehen hauptsächlich in dem Verstärken des Gestänges, Auswechseln angefaulter Maste, Einbau von Mastfüßen, Streichen der Querträger, Rohrständer und anderer Eisenteile, Reinigen der Isolatoren, Auswechseln schadhafter Isolatoren, Erneuern mangelhafter Verbindungsstellen, Durchhangsregelung, Nachspannen schlaffer Anker, Ausästen usw. Bei Kabeln beschränken sich die Instandhaltungsarbeiten auf die Reinigung der Abschlußeinrichtungen.

Die Instandhaltungsarbeiten an den Fernmeldelinien werden alle zwei Jahre vorgenommen. Ausästungen müssen jedoch häufiger erfolgen.

## 2. Freilinien

### a) Bodengestänge

#### α) Fäulnis und Wurmfraß

Holzmaste werden mit Kletterschuhen (s. Bau von Fernmeldeanlagen, Teil 1)[1]) bestiegen. Vor dem Besteigen jeglicher Art von Gestängen ist ein Sicherheitsgürtel mit Sicherheitsleine (s. Bau von Fernmeldeanlagen, Teil 1)[1]) anzulegen, mit der sich der Monteur am Maste oder in sonst geeigneter Weise anbindet. An End- oder Eck-

---

[1]) Im selben Verlag erschienen.

masten ist möglichst von der dem Drahtzug entgegengesetzten Seite aus zu arbeiten. Die zum Arbeiten benötigten Werkzeuge werden in einer Tasche mitgeführt, die entweder umgebunden oder so festgebunden wird, daß die Werkzeuge während der Arbeit nicht herausfallen können. Gegenstände dürfen weder vom Mast abgeworfen noch dem auf dem Mast befindlichen Monteur zugeworfen werden. Sie müssen getragen oder an einer Leine hinabgelassen oder heraufgezogen werden.

Fäulnis und Wurmfraß. Der Feind der Maste ist die Fäulnis und der Wurmfraß.

Die Fäulnis rührt von Sporen her, die durch Luftrisse, Astlöcher, Wunden usw. in das Holz eindringen und sich dort zu Pilzen entwickeln. Die Entwicklungsmoglichkeit fur die Pilze ist an der Stelle, an der der Mast ins Erdreich eintritt, am großten, weil der Wechsel von Nässe und Trockenheit hier am kräftigsten auftritt. Daher entsteht die Fäulnis dort zuerst und erstreckt sich nach oben und unten etwa je 50 cm. Aber auch der Zopf ist der Fäulnis zugänglich.

Eine Vorbeugung gegen die Faulnis besteht darin, daß bei den Instandsetzungsarbeiten die beiden abgeschrägten Flächen des Zopfendes mit bitumenhaltigem Asphalt und das Mastende mit Karbolineum gestrichen wird. Hierzu muß das Mastende freigelegt und an der Luft oder auch mit der Lotlampe gründlich getrocknet werden. Das aufgegrabene Loch wird erst wieder zugeschüttet, nachdem das Karbolineum vollständig eingezogen ist. Diese Arbeiten können natürlich nur bei trockenem Wetter vorgenommen werden.

Hat die Fäulnis den Mast bereits an der Oberfläche angegriffen, so werden alle faulen Teile mit einem Schaber beseitigt und verbrannt. Das unterhalb der Erdoberfläche liegende Mastende wird mit der Lötlampe so lange erhitzt, bis es leicht ankohlt, und gleich darauf so oft mit Karbolineum gestrichen, bis es hiervon nichts mehr aufnimmt.

Ist die Fäulnis schon zu stark ins Innere vorgedrungen, so muß das Mastende ausgewechselt werden.

Der Wurmfraß befindet sich im allgemeinen nur 1½ bis 2 m über dem Erdboden und wird von Insektenlarven hervorgerufen, die während ihrer Entwicklung zahllose, dicht beieinanderliegende Gänge ins Holz fressen. Der großte Schädling ist der Hausbock, der seine Eier in die Mastrisse legt. Die aus dem Ei entstehende Larve frißt zuerst im Splintholz und geht dann bis ins Kernholz vor. Sie füllt die Bohrgänge völlig mit Holzmehl aus. Äußerlich ist dem Mast noch nichts anzusehen, weil die Larve die äußere Holzschicht meidet. Nach 2 bis 3 Jahren verpuppt sich die Larve. Der ihr entschlüpfende junge Käfer frißt sich durch die äußere Holzschicht des Mastes und hinterläßt ein Flugloch, an dem nun erst von außen erkannt werden kann, daß der Mast vom Wurmfraß befallen worden ist. Durch das Flugloch kann dann der Regen eindringen und den Fäulniserregern die Möglichkeit zur Entwicklung geben.

Von den zubereiteten Masten sind die mit Teeröl oder chromarsenhaltigen Salzgemischen getränkten am wenigsten dem Wurmfraß ausgesetzt, weil sie bis zum Kern getränkt sind.

### β) *Feststellen des Zustandes*

Der Zustand der Maste auf derartige Zerstörungen wird bei den Instandsetzungsarbeiten sowie zur Vermeidung von Unfällen vor der Auswechslung oder der Versetzung eines Mastes, vor der Durchhangsberichtigung usw. untersucht. Die Fäulnis kann nach dem Angraben des Mastes auf mindestens 40 cm Tiefe leicht wahrgenommen werden. Ebenso leicht wird der Wurmfraß an den Fluglöchern erkannt. Der innere Zustand des Holzes aber kann nur mit Hilfsmitteln festgestellt werden, mit denen innere Holzteile herausgeholt werden können. Hierzu ist am besten ein Bohrer geeignet, wie er in der Forstwirtschaft zum Ermitteln des Wachstums lebender Bäume verwendet wird. Dieser Zuwachsbohrer (Bild 26) besteht aus einer sich verjüngenden Röhre $a$, die an ihrem engen Ende mit einer dreifachen, kegelförmigen Bohrschnecke $b$ und einem haarscharfen Kreisbohrer versehen ist, einem Knebel, der ihm in unbenutzten Zustand als Schutzhülle dient, und einem Auszieher aus einem halbgeschnittenen Rohr $c$ mit 16 flachen,

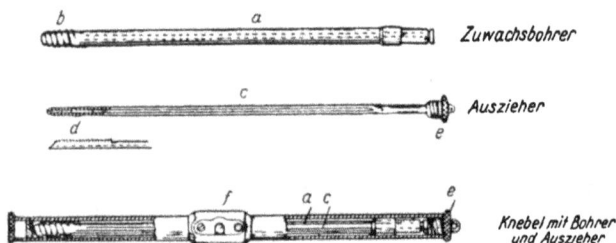

Bild 26. Zuwachsbohrer

scharfen Zähnen $d$ auf den Rändern, der wiederum in der Bohrröhre $a$ aufbewahrt wird und mit einem Schraubenkopf $e$ die Knebelhülse $c$ verschließt.

Zur Prüfung genügen zwei Bohrlöcher, die senkrecht wie waagerecht so versetzt werden, daß sie nicht in einer Ebene liegen. Die Bohrstellen werden vorher mit einer scharfen Bürste sorgfältig von Sand und Schmutz gesäubert. Der Bohrer wird senkrecht zum Mast angesetzt und mit der linken Hand geführt, bis die Bohrschnecke unter dem kräftigen Druck und der Drehung des Knebels mit der rechten Hand in das Holz gedrungen ist. Dann kann mit beiden Händen ohne Druck weitergebohrt werden. Hierbei wird der Bohrkern in das Innere der Rohre $a$ gedrückt. Ist die Mitte des Mastes erreicht, wird der Auszieher $c$ mit den Zähnen nach dem Kern zu vorsichtig zwischen der Innenwand des Bohrers und dem Kern ganz hineingeführt, wobei sich der Bohrkern festklemmt. Der Bohrer wird dann etwas zurückgedreht, um den Bohrkern vom Mast zu lösen, und der Auszieher langsam und vorsichtig herausgezogen. Der Bohrkern ist leicht zerbrechlich und wird daher mit einem untergehaltenen Stück Wellpappe so aufgefangen, daß er sich in eine Rille legt. Darauf wird der Bohrer herausgedreht.

Wenn der ganze Mast durchbohrt worden ist, kann der Bohrkern auch mit einem Stahldorn nach der Knebelseite zu herausgestoßen werden.

Der Bohrkern gibt den Zustand des Mastes wieder. Bei gesunden Masten ist er zusammenhängend und fest, bei verfaulten und zerfressenen schwammig, zusammenhanglos und mehlig.

Die Bohrlöcher werden mit getränkten, leicht angespitzten Hartholzpflöcken fest verschlossen, damit kein Regen eindringen kann.

Der Wurmfraß kann nur durch ein Mittel beseitigt werden: Entfernung und Verbrennung des hiervon befallenen Mastteils.

### γ) Verstärken des angefaulten Teils

Sind die Maste noch nicht so stark von der Fäulnis angegriffen, daß sie sofort ausgewechselt werden müssen, so erhalten sie zur Verstärkung der geschwächten Stelle einen Stützpfahl aus einem 2 bis 2,5 m langen Mastabschnitt (Bild 27). Der Mast wird entfault und mit Karbolineum gestrichen. Der Pfahl wird dem Mast durch eine Auskehlung angepaßt und erhält an der bearbeiteten Fläche ebenfalls einen Karbolineumanstrich. Er wird in Winkeln in der Richtung der Mittelkraft des Drahtzuges, auf gerader Strecke senkrecht zur Richtung der Linie gesetzt und ragt 1 m aus dem Erdboden. Mast und Pfahl werden durch zwei Bünde aus 4 mm dickem Stahldraht fest zusammengepreßt. Der eine Drahtbund liegt 10 cm unter dem oberen Ende des Pfahls, der andere dicht über dem Erdboden.

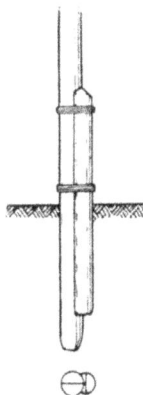

Bild 27. Stützpfahl

Die Stützpfähle halten kaum ein Jahr, weil sich die Fäulnis am Mast bald wieder bemerkbar macht und dann auch den gesunden Stützpfahl ergreift. Sie sind daher nur ein Behelf.

### δ) Ersetzen des Mastendes

Besser ist es, das angefaulte oder angefressene Mastende durch ein gesundes Stück, einen sog. Mastfuß, zu ersetzen. Diese Arbeit wird mit Hilfe eines Stützbockes (Bild 28) ausgeführt. Er besteht aus drei Stützstangen a, die in gleichmäßigen Abständen mit genügend großer Neigung (30 bis 40°) gegen den Mast gelehnt werden. An ihrem oberen Ende werden sie untereinander mit dem Mast durch einen Ring b verbunden. Die an den Stützstangen a in der Mitte sitzenden Ketten c werden an den Mast geschellt d und gespannt. Die Fußenden der Stützstangen werden gegen Gleiten verkeilt.

Der so abgestützte, schadhafte Mast wird 50 cm über dem Erdboden schräg abgeschnitten, der obere, gesunde Teil unter veränderter Kettenspannung etwas zur Seite gedrückt und das Mastende herausgezogen. Das Loch wird von Resten gesäubert und der Mastfuß eingesetzt. Er besteht aus einem Mastabschnitt vom gleichen Durch-

3*

messer wie der instandzusetzende Mast und von einer Länge, die ausreicht, den schadhaften Teil des Mastes zu ersetzen. Bei Wurmfraß kann also eine Länge von 2 m über dem Erdboden in Betracht kommen.

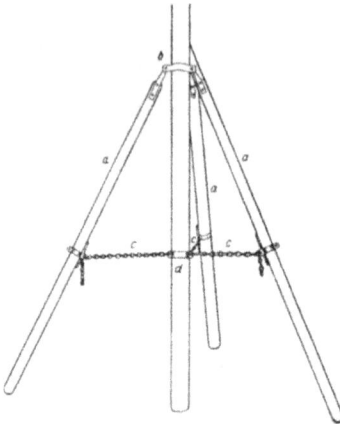

Bild 28. Stutzbock

Entsprechend der Länge des eingesetzten Mastfußes muß nun der Mast unten gekürzt werden. In der Höhe der Oberkante des Mastfußes wird ein Band um den Mast gelegt und die Schnittlinie mit Farbstift oder Kreide vorgezeichnet, um einen waagerechten, glatten Schnitt zu erzielen. Die Schnittfläche wird gut mit Karbolineum getränkt und der Mast in die gleiche Lage mit ihrem Fuß gebracht. Beide werden darauf durch 3 oder 4 angebrachte Flacheisen verbunden.

Bei Spitzböcken wird der schadhafte Mast so weit freigegraben, daß am Unterriegel gearbeitet werden kann. Dann werden eine oder zwei Stützstangen angebracht und der Mast schräg abgesägt. Nachdem der Bolzen am Unterriegel entfernt worden ist, wird das schadhafte Mastende ausgehoben und der Mastfuß, der mit einer entsprechenden Durchbohrung für den Bolzen versehen ist, mit dem Unterriegel und dem Mast in gleicher Weise wie bei gewöhnlichen Masten verbunden.

### ε) Auswechseln von Masten

Das Erdreich, das einen angefaulten Mast umgibt, ist von Fäulniserregern durchsetzt. Ein neuer mit Salz zubereiteter Mast muß daher 1 bis 2 m entfernt von der auszuwechselnden zu stehen kommen. Ist dies nicht möglich, z. B. in Winkelpunkten, so wird der Boden sorgfältig ausgehoben und durch neuen ersetzt.

Ein angefaulter Mast wird häufig nur noch von den Leitungsdrähten gehalten und bricht um, sobald der letzte Draht losgebunden ist. Deshalb muß der einseitige Druck durch eine Leiter, die zum Losbinden bestiegen werden soll, durch eine zweite aufgehoben werden, die entgegengesetzt an den Mast gelehnt wird. Bei Arbeiten auf ungepflastertem Erdboden sind die Leitern mit eisernen Schuhen fest in den Boden zu stoßen. Sicherer ist es, die Drähte von einer Stehleiter aus loszubinden.

Die Arbeit des Auswechselns nach dem Losbinden kann dadurch erleichtert werden, daß der Mast nicht ausgegraben, sondern losgewuchtet wird. Er wird mit einer Kette umschlungen, durch die ein Wuchtbaum gesteckt ist, und mit ihm einige Male um seine Achse

gedreht, bis er locker geworden ist. Natürlich setzt dies einen entsprechenden Zustand des Mastendes voraus. Darauf wird der Mast
aus der Erde gehoben und umgelegt.

In gerader Linie wird der neue Mast, wenn genügend Platz
vorhanden ist, neben dem auszuwechselnden aufgestellt. Die Leitungsdrähte werden von den Isoliervorrichtungen des auszuwechselnden
Mastes gelost und an die Isolatoren des neuen Mastes gebunden.
Der alte Mast wird dann umgelegt und das Mastloch von faulen Holz-
teilen gesäubert und zugeschüttet. Drahtverschlingungen während
dieser Arbeiten können dadurch verhütet werden, daß je ein Monteur
zu beiden Seiten des Mastes die Leitungsdrähte mit einer leichten
Stange auseinanderhält, die mit Haken zur Aufnahme der Drähte
versehen ist.

Muß der neue Mast an derselben Stelle wie der alte aufgestellt
werden, so werden die Leitungsdrähte zunächst vorsichtig mit Hanf-
seilen von den Isoliervorrichtungen herunter- und frei hängen gelassen oder mit leichten Holzstangen auseinander gehalten. Maste
mit Hakenstützen werden auf 50 cm Tiefe angegraben und mit der
Wuchtkette um 90⁰ gedreht, damit die Isoliervorrichtungen für die
Umlegung des Mastes in der Richtung der Drähte liegen. Querträger
werden jedoch vorher abgenommen. Nachdem auch etwaige Verstärkungsmittel entfernt worden sind, wird der Mast abgesägt und,
ohne die Leitungen zu berühren, vorsichtig niedergelegt. Dann wird
der Stumpf ausgewuchtet, das Mastloch von allen fauligen Bestand-
teilen gereinigt und mit frischem Erdboden
versorgt, der neue Mast hineingestellt und die
Leitungsdrähte wieder an ihre Isoliervorrichtungen gebunden. Querträger werden in der Reihen-
folge von oben nach unten angebracht und sogleich einzeln mit den Leitungsdrähten belegt.

Beim Auswechseln eines im Winkel stehenden Mastes muß besonders vorsichtig verfahren
werden, damit er nicht umbricht. Zunächst wird
der alte entlastet. Die Leitungsdrähte werden
an den beiden benachbarten Masten soweit wie
möglich nach dem auszuwechselnden Mast durchgeholt und mit Kniehebelklemmen (s. Bau von
Fernmeldeanlagen, Teil 2) festgelegt. Nach der
Sicherung gegen Umfallen durch Haltetaue und
Flaschenzüge wird das Mastende des auszuwechselnden Mastes freigelegt und mit einem
Wuchtbaum in den Feldwinkel hineingedrückt
und der Zopf mit einem Flaschenzug schräg
übergeholt (Bild 29). Auf den frei gewordenen
Platz wird der neue Mast gestellt und behelfsmäßig gesichert. Die Leitungen werden dann
von dem alten auf den neuen Mast übertragen.

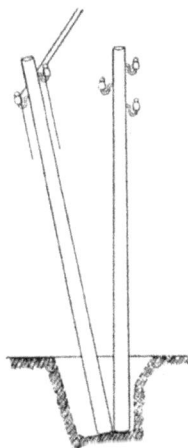

Bild 29. Auswechseln
eines Eckmastes

Vor dem Lösen der alten Bindungen wird um
den Leitungsdraht ein Seil geschlungen, das über die Stütze oder den
Querträger in entgegengesetzter Richtung des Drahtzuges nach unten

geführt und dort von einem Monteur straff gehalten wird, damit der Draht nicht abschnellen kann. Der frei gewordene alte Mast wird entfernt und der neue gerichtet und endgültig verstärkt. Darauf wird der richtige Durchhang wieder hergestellt und die Leitungsdrähte gebunden.

ζ) *Richten von Masten.*

Schiefstehende Maste werden zunächst durch Hilfsanker oder Taue so weit gesichert, daß sie nicht umfallen konnen, auch wenn ihre Verstärkungen abgenommen werden.

In gerader Linie wird der Mast an der Seite angegraben, nach der er hinübergeholt werden muß. Dies geschieht durch Druck oder Zug. In vielen Fällen genügt der Druck, den ein Arbeiter beim Besteigen einer angelehnten Leiter ausübt. Reicht dieser Druck nicht aus, um den Mast sanft in die lotrechte Stellung zu bringen, so wird zwischen den Isoliervorrichtungen ein Tau um den Mast geschlungen und der Mast mit Hilfe eines Flaschenzuges in die gerade Stellung gezogen. In dieser Stellung erhält der Mast dann ein Verstärkungsmittel. Ist hierfür kein Platz vorhanden, so wird ein kräftiger Stein gegen den Mast auf die Seite gelegt, nach der er übergewichen war. In sumpfigem oder moorigem Boden genügt dieses Widerlager nicht. Hier wird eine Bohle oder ein Mastabschnitt quer vor den Mast gelegt und zwei Pfähle davor eingetrieben.

Auch bei Kuppelmasten und Spitzböcken wird durch Unterlegen eines großen Steins verhindert, daß der Mast tiefer in den Boden gedrückt wird. Die Verwendung von Mastabschnitten ist nach Möglichkeit zu vermeiden, weil sie leicht faulen.

Bei Masten, die in Winkelpunkten aus der lotrechten Stellung geraten sind, müssen die Hilfsverankerungen besonders sorgfältig hergestellt werden, damit der Mast durch den Drahtzug nicht über die Strebe hinweg aus der Erde gezogen wird. Es empfiehlt sich, während der Richtarbeit den auf den Mast wirkenden Drahtzug dadurch zu verringern, daß die Leitungsdrähte an den beiden benachbarten Masten losgebunden, nach dem zu richtenden Mast durchgeholt und mit Frosch- oder Kniehebelklemmen festgelegt werden (s. Bau von Fernmeldeanlagen, Teil 2)[1]. Ist dies infolge zu starker Spannung nicht möglich und auch lediglich die Ursache des Überweichens des Mastes, so wird der Drahtzug dadurch verringert, daß der Mast etwas in den Winkel hineingestellt wird. Das Zopfende wird mit einem Seil festgelegt und das Mastende an der übergewichenen Seite freigelegt, mit einem Wuchtbaum an die gewünschte Stelle gebracht und mit einem Stein oder einer Druckschwelle gesichert.

b) Dachgestänge

Die Dachgestänge mit ihren Ankern und Streben sowie Querträgern und Stützen leiden infolge der Wirkung des Luftsauerstoffs und des Regenwassers unter Rostbildung. Das Rostwasser zerfrißt die aus Zinkblech hergestellten Abdichtungen der Eisenrohre, Zinkdächer und Dachrinnen. Daher müssen sämtliche Eisenteile der Dach-

---

[1] Im selben Verlag erschienen.

gestänge einschließlich derjenigen unterhalb der Abdichtungen wenigstens alle 4 Jahre entrostet und sorgfältig mit Rostschutzlackfarbe und die in ihrem Bereich liegenden Zinkdächer, Dachrinnen usw. mit Ölfarbe gestrichen werden.

Die Entrostung wird mit einer Drahtbürste vorgenommen.

Auf die gut entrosteten Flächen wird eine Grundlackfarbe aufgetragen und nach ihrem völligen Trocknen das ganze Gestänge mit seinen Teilen, also einschließlich der nicht angerosteten Stellen mit Decklackfarbe nachgestrichen. Die Farbe ist möglichst dünn auszustreichen und gut zu verteilen. Diese Arbeiten können nur bei trockenem und warmem Wetter vorgenommen werden, damit die Farbe bindet. Der Anstrich darf jedoch nicht starker Sonnenbestrahlung ausgesetzt sein, weil die Farbhaut bei zu schnellem Trocknen reißt.

Tritt- und Laufbretter erhalten ebenfalls wenigstens alle 4 Jahre einen Anstrich mit Karbolineum.

Schäden, die durch das Betreten des Daches bei den Bauarbeiten entstanden sind, müssen sogleich beseitigt werden.

### c) Isolatoren

Der Isolationszustand der Leitungen hängt wesentlich von der Glasur der Isolatoren ab. Sind die Isolatoren sauber, so hält ihre Benetzung nach dem Regen nicht lange an und der hohe Oberflächenwiderstand ist bald wieder hergestellt. Haften jedoch Staub, Ruß oder gar kleine Kohlenteilchen sowie die bräunlichgelben, eisenhaltigen Ablagerungen, die von dem Rostwasser der Drähte herrühren, an ihnen, so schwindet der Oberflächenwiderstand und steigt auch nach dem Aufhören des Regens erst nach längerer Zeit wieder an. Die Isolation leidet auch, wenn die Spinnennetze zwischen den beiden Mänteln der Isolatoren sowie dem Mast und den Leitungsdrähten infolge der Befeuchtung mit Regen oder Tau leitend werden. Daher müssen die Isolatoren außen und innen sauber gehalten werden. Die Zeitabstände, in denen sie zu reinigen sind, richtet sich ganz nach dem Grade, in dem sie der Verschmutzung ausgesetzt sind. In Industriegegenden und Kohlengebieten wird diese Arbeit also häufiger vorzunehmen sein als in ländlichen Gebieten.

Staubschichten lassen sich mit Wasser, Schwamm, Bürste oder Lappen abwaschen. Dem Wasser kann Soda im Verhältnis 10 : 1 zugesetzt werden. Für die Reinigung des Hohlraums zwischen dem äußeren und inneren Mantel, die besonders sorgfältig vorzunehmen ist, sind spitze Bürsten geeignet.

Ruß- und Kohlenstaubschichten können leicht mit Petroleum oder Benzol abgewaschen werden.

Die Benutzung von feinem Sande bei der Reinigung wird besser unterlassen, weil bei häufiger Anwendung die Glasur rauh wird, was die Staubabsetzung begünstigt.

Isolatoren mit durchgehenden Sprüngen, abgesprengtem Kopf usw. werden samt der Stütze ausgewechselt, weil sie am Gestänge schwerer ab- und aufzubringen sind. Hakenstützen werden nur dann wieder in das alte Loch gedreht, wenn es noch die nötige Sicherheit bietet. Andernfalls ist über oder unter dem alten Loch ein neues zu bohren und das alte mit einem Pflock zu verschließen. Während dieser Auswechslung wird der Leitungsdraht in gerader Linie hochgebunden, am Winkel- und Abspanngestänge vor dem Lösen der Bindedrähte gegen Durchgleiten und Wegschnellen gesichert.

#### d) Leitungsdrähte

Auch die Leitungsdrähte werden von der Witterung angegriffen. Eisendrähte beginnen nach dem Abblättern des Zinküberzuges zu rosten, Kupfer- und Bronzedrähte oxydieren.

#### α) Auswechseln

Durch diese fortschreitenden Einwirkungen treten Drahtbrüche ein, die bei häufigerem Auftreten eine Auswechslung der Leitung nötig machen.

Der Leitungsdraht wird nach jeder Seite der beiden Maste, die die auszuwechselnde Strecke eingrenzen, mit Frosch- oder Kniehebelklemmen festgelegt. Die auf dem auszuwechselnden Leitungsdraht sitzenden Klemmen hängen in Flaschenzügen, deren Kloben 75 cm von den Isoliervorrichtungen entfernt sein müssen. Der verbleibende Leitungsdraht wird mit dem auszuwechselnden außerhalb der Klemme des Flaschenzuges mit einem langen, isolierten Draht verbunden, um den Betrieb auf der Leitung während der Auswechslungsarbeiten nicht zu stören. Der auszuwechselnde Draht wird an einem der beiden Maste, an der er abgespannt worden ist, in einem so großen Abstand von seiner Isoliervorrichtung geschnitten, daß das stehengebliebene Ende für diese Verbindungsstelle ausreicht, und mit dem Flaschenzug nachgelassen, bis er nur noch schwach gespannt ist. Er wird dann von seinen Isoliervorrichtungen losgebunden und an schwache Notmaste befestigt, damit er die Maste oder die Erde nicht berührt. Der neue Draht wird zunächst lose auf die freigewordenen Isoliervorrichtungen gelegt. Das eine Ende wird mit dem stehengebliebenen Ende des verbleibenden Leitungsdrahtes in einer Verbindungshülse verwürgt, das andere in Isolatorhöhe um den Mast gewickelt. Nun wird auch der·auszuwechselnde Draht an diesem Mast geschnitten und etwas in seinem Durchhang nachgelassen. Der neue Leitungsdraht wird gebunden, nachdem sein Durchhang geregelt worden ist. Sein noch am Mast befestigtes Ende wird gekürzt und durch eine Hülse mit dem stehengebliebenen Ende der alten Leitung verbunden. Darauf werden die Klemmen gelöst und der ausgewechselte Draht nach Entfernung der Hilfsverbindungen von den Notmasten heruntergenommen und aufgerollt.

#### β) Durchhang regeln

Der Durchhang der Drähte im Felde kann als ordnungsmäßig angesehen werden, wenn alle Drähte parallel laufen. Ist dies nicht der Fall, so muß der Durchhang der hiervon abweichenden Drähte neu geregelt werden. Abgesehen von der von Anfang an falschen Drahtspannung rührt die Veränderung des Durchhangs meist von dem Gleiten der Leitungen durch die Bindungen her. Dies kann bei ungleich langen aufeinanderfolgenden Feldern oder bei starkem Gefälle eintreten, weil die Leitungsdrähte infolge des ungleichen Drahtzuges das Bestreben haben, nach den größeren oder tieferen Feldern durchzugleiten. Dadurch wird in den kürzeren oder höher gelegenen Feldern der Durchhang kleiner und die Drahtspannung größer, während in den längeren und tieferen Feldern der umgekehrte Zustand eintritt.

Zur Wiederherstellung des richtigen Durchhangs werden die Bindungen gelöst und die Drähte nötigenfalls mit dem Flaschenzug zurückgeholt und wieder gebunden, sobald sie den vorgeschriebenen Durchhang besitzen (s. Bau von Fernmeldeanlagen, Teil 2)[1].

### γ) Länge verändern

Ist jedoch der Leitungsdraht auf der unregelmäßigen Strecke durchweg zu kurz oder zu lang, so daß sich durch Verteilen nicht der richtige Durchhang herbeiführen läßt, so muß er verlängert oder verkürzt werden.

Hierzu wird möglichst eine vorhandene Verbindungsstelle benutzt, die vom Mast aus erreicht werden kann. Der Flaschenzug wird zu beiden Seiten der Verbindungsstelle angelegt und die Verbindungsstelle nach Überbrückung mit einem isolierten Drahte herausgeschnitten. Der Flaschenzug wird darauf so weit nachgelassen bzw. angezogen, bis der Leitungsdraht den richtigen Durchhang hat, und ein mindestens 1 m langes Drahtstück eingesetzt, damit die beiden Verbindungsstellen nicht zu dicht beieinander zu liegen kommen.

Das Einsetzen eines Drahtstücks ist auch beim Kürzen des Leitungsdrahts nötig, wenn dies in einer Länge von weniger als zwei Verbindungshülsen geschehen muß. Bei einer Kürzung um zwei Hülsenlängen braucht die alte Hülse nur herausgeschnitten und die beiden Enden in einer neuen verwurgt zu werden. Bei größeren Kürzungen wird aus dem Leitungsdraht die Hülse mit einem Stück herausgenommen, das mitsamt der Hulse der ermittelten Lange entspricht.

Ist von keiner Stelle aus eine Verbindungsstelle zu erreichen, so wird eine im Felde liegende Verbindungsstelle zur Berichtigung der Drahtlänge benutzt. Um diese Verbindungsstelle vom Erdboden aus erreichen zu können, wird der Draht so weit von seinen Isoliervorrichtungen heruntergenommen, wie es nötig ist.

Zur Ermittlung der Länge, um die der Draht verkürzt bzw. verlängert werden muß, wird an einem der beiden Maste, die den zu berichtigenden Leitungsabschnitt begrenzen, auf dem Draht mitten über dem Isolator mit einem Blei- oder Farbstift ein Strich gemacht. Scharfe Instrumente dürfen hierzu nicht benutzt werden, weil das Einritzen ein Reißen des Drahts begünstigt. Nach Losen des Bindedrahts am Isolator wird der Leitungsdraht hin- bzw. herübergezogen, bis der Durchhang stimmt, und wiederum die Stelle des Drahts, die über dem Isolator liegt, mit einem Strich gekennzeichnet. Die Entfernung zwischen den beiden Strichen gibt dann die Länge an, um die der Draht verlängert bzw. gekürzt werden muß.

[1] Im selben Verlag erschienen.

Nachdem der Draht mit der Verbindungsstelle von den Isoliervorrichtungen heruntergenommen worden ist, wird der Flaschenzug zu beiden Seiten der Verbindungsstelle angesetzt, eine Hilfsverbindung aus isoliertem Draht angelegt und die Verbindungsstelle herausgeschnitten. Das einzusetzende 1 m lange Drahtstück wird mit dem Leitungsdraht an einem Ende durch eine Hülse verbunden, während sein anderes Ende erst noch auf die richtige Länge zugeschnitten werden muß (Bild 30). Es wird neben den Leitungsdraht gelegt, mit dem es verbunden werden soll, und etwa 10 cm von seinem freien Ende auf beiden Drähten ein Strich mit einem Blei- oder Farbstift gemacht. Von dieser Marke *1* aus wird auf dem Leitungsdraht die vorher ermittelte Länge *a* beim Verlängern nach links, beim Verkürzen nach rechts abgetragen und der Leitungsdraht so weit nachgelassen bzw. angezogen, bis seine zweite Marke *2* der Marke *1* des einzusetzenden Stücks gegenübersteht. Über dieser gemeinsamen Stelle muß die Verbindungshülse mit ihrer Mitte sitzen. Die beiden Drahtenden werden entsprechend gekürzt und in der Hülse verwürgt. Darauf wird die Leitung wieder aufgebracht und nach Regelung ihres Durchhangs gebunden.

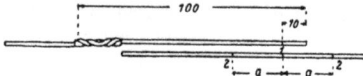

Bild 30. Einsetzen eines Drahtstückes zur Veränderung der Leitungsdrahtlänge

### e) Verbindungsstellen

Muß eine Verbindungsstelle erneuert werden, so wird sie mit einem Leitungsstück herausgeschnitten und ein Drahtstück mit zwei neuen Hülsen eingefügt.

### f) Ausästen

Baumpflanzungen müssen 60 bis 100 cm nach allen Richtungen von den Leitungen entfernt sein, damit die Äste weder im Wind noch bei Belastung durch Schnee die Leitungen berühren. Die Bäume dürfen beim Ausästen nicht verunstaltet werden. Bei Obstbäumen ist besondere Umsicht geboten, damit ihr Ertrag erhalten bleibt.

Luftkabel werden durch ihr Tragseil vor unmittelbarer Berührung mit den leichteren Baumzweigen geschützt. Sie dürfen aber mit stärkeren Ästen nicht zusammenkommen. Daher müssen Baumkronen gemieden werden.

### 3. Kabellinien

Die Unterhaltungsarbeiten an den Kabeln beschränken sich auf die Abschluß- und Überführungseinrichtungen, sowie die Kabelschächte und Abzweigkasten.

### a) Abschluß- und Überführungseinrichtungen.

Die Schutzkästen werden entrostet und gestrichen. Mängel an Kabeleinführungen und Kabelabschlüssen müssen behoben werden. Der Schaltraum der Endverzweiger und der Überführungsendverschlüsse wird von Staub und Schmutz gereinigt. Unbrauchbar gewordene Gummidichtungen werden ersetzt. Grobsicherungen und Luftleerblitzableiter der Überführungsendverschlüsse werden samt ihren Haltefedern gereinigt und metallisch blank gemacht. Alle Schraubverbindungen werden nachgezogen. Dies bezieht sich auch auf die Erdungsleitungen.

In den Endverzweigern kann Feuchtigkeit auftreten und beim ZB- und W-Betrieb leicht zur Oxydierung der blanken Kabeladern führen. Oxydierte Adern müssen weggeschnitten und nachgesetzt werden.

### b) Kabelschächte und Abzweigkasten.

Kabelschächte und Abzweigkasten werden in regelmäßigen Abständen (s. unter A auf S. 12) gereinigt und instandgesetzt. Kabel und Lötstellen sind hierbei zu schonen.

Vor dem Betreten ist jeder Kabelschacht mindestens 10 Minuten zu lüften. Gase werden durch den Luftzug beseitigt, der beim Öffnen der benachbarten Kabelschächte entsteht. Ein Kabelschacht darf nicht eher mit Licht und Feuer betreten werden, bis seine Gasfreiheit mit einem zuverlässigen Anzeiger festgestellt worden ist. Der Gasanzeiger muß während der ganzen Zeit des Aufenthalts von Monteuren im Schacht bleiben und ständig beobachtet werden. Das Zelt ist genügend zu lüften.

Gegen das Einfrieren der Schachtdeckel werden die Ränder und eingelegten Teerstricke mit Kabelfett bestrichen. Eingefrorene Deckel werden am einfachsten mit warmem Wasser aufgetaut, wenn sich ihre Ränder nicht durch Beklopfen mit hölzernen Gegenständen lösen wollen.

### 4. Luftkabellinien

Für die Gestänge der Luftkabel gilt das gleiche wie für Freilinien (s. unter 2a und b auf S. 32 und 38). Der Anstrich, der die Tragseile gegen schädliche Dämpfe aus benachbarten Fabriken, gegen Rauch usw. schützen soll, muß nötigenfalls erneuert werden.

### 5. Erdungen

#### a) Allgemeines

Erdungen können durch Veränderungen (Zersetzung, Beschädigung, Senken des Grundwasserspiegels usw.) in ihrer Wirkung beeinträchtigt werden. Ihr Zustand muß deshalb durch regelmäßige Untersuchungen und durch Messungen des Erdungswiderstandes überwacht (s. unter II A auf S. 12) und die Mängel beseitigt werden. Diese Arbeiten sind im Frühjahr auszuführen.

#### b) Untersuchungen

Alle Betriebs-, Sicherungs-, Blitz- und Starkstromschutzerdungen (s. Bau von Fernmeldeanlagen)[1]) sind einmal jährlich in ihrem ganzen Verlauf zu untersuchen und ihre Stromfähigkeit durch Gleichstrom festzustellen.

### α) *Rohrnetzerder*

Es ist zu prüfen, ob der Gas- oder Wassermesser ordnungsmäßig überbrückt ist.

### β) *Besondere Erder*

Bandstahl- und Rohrerder sind so weit zu untersuchen, als diese zugänglich sind.

### c) Messungen

Zum Messen sind die einzelnen Erdungsleitungen von der Sammelschiene (s. Bau von Fernmeldeanlagen)[1] abzunehmen. Nach den Einzelmessungen ist der Gesamtwiderstand aller Erdungen von der Sammelschiene aus zu messen.

Wegen der Messungen selbst s. unter 3c auf S. 79.

Bei zu hohem Widerstand (s. Bau von Fernmeldeanlagen)[1] muß die Erdungsleitung in ihrem ganzen Verlauf nachgesehen, d. h. aufgegraben werden.

---

[1] Im selben Verlag erschienen.

# III. Entstörung

## A. Allgemeines

Wie bei der Wartung der Pflege eine Prüfung vorausgeht, kann eine Störung erst beseitigt werden, nachdem die Ursache erkannt worden ist. Hierzu genügen meistens nicht allein die Angaben des Benutzers der Anlage über den beobachteten Fehler, sondern der Entstörer muß die ihm mitgeteilten Erscheinungen nachprüfen, damit er sich ein richtiges Bild machen kann. Diese Arbeit setzt nicht nur eine gründliche Kenntnis der mechanischen Einrichtungen, sondern auch der Schaltungen und des Aufbaues der Anlage voraus. Die Hersteller geben für ihre Apparate, Geräte und Einrichtungen Beschreibungen und Einstellvorschriften heraus, die die Beseitigung von Störungen erleichtern, doch ist es ratsam, die besonderen Kenntnisse praktisch im Werk des Herstellers zu erwerben. Über den Aufbau der Anlagen geben Pläne und Verzeichnisse Aufschluß (s. Planung von Fernmeldeanlagen)[1]).

Im allgemeinen wird schon ohne weiteres erkannt werden können, ob die Störung in einem Gerät, in der Einrichtung, in der Leitung oder in der Stromversorgung zu suchen ist. Arbeitet die gesamte Anlage nicht, so fehlt die Betriebsspannung. Versagt nur ein Gerät, dann liegt es hieran selbst oder an seinem Anschluß. Fallen mehrere Geräte aus, so ist der ihnen gemeinsame Teil der Einrichtung oder das gemeinsame Anschlußkabel gestört.

Die Geräte können durch Lösen der Verbindungen von ihren Anschlüssen getrennt werden, um festzustellen, ob sie oder die Leitungen gestört sind. Größere Einrichtungen besitzen zu diesem Zweck Prüfeinrichtungen. Zur Eingrenzung von Fehlern in längeren Außenkabeln werden Meßeinrichtungen benötigt (s. unter E auf S. 83).

Zur schnellen Beseitigung von Störungen trägt das Vorhandensein der wichtigsten Ersatzteile wesentlich bei.

### 1. Apparate

Die in den Apparaten auftretenden Störungen rühren größtenteils von einer Änderung in ihrer Einstellung her, die dann entsprechend den gegebenen Vorschriften berichtigt werden muß.

Bei den Relais und anderen Stromkreise schließenden und unterbrechenden Apparaten werden sie meist von den Kontakten selbst oder von ihrer Einstellung hervorgerufen. Verschmutzte Kontakte werden mit dem Reiniger (s. unter 2c auf S. 17) gesäubert. Verbrennungen

---

[1]) Im selben Verlag erschienen.

oder geringe Kraterbildungen können mit der Kontaktfeile beseitigt werden. Bei größeren derartigen Schäden muß der Kontakt ausgewechselt werden (s. unter d auf S. 18). Die Einstellung der Kontakte richtet sich nach der Art der Relais und den hierfür von den Herstellern erlassenen Vorschriften.

Weniger treten Unterbrechungen oder Kurzschlüsse in Spulen auf. Unterbrechungen und Körperschlüsse werden mit dem Prüfhörer (s. unter g $\beta$ auf S. 19), Windungsschlüsse durch Messung des Widerstandes der Spule (s. unter C 2 auf S. 77) festgestellt.

## 2. Geräte und Einrichtungen

In den weitaus meisten Fällen geben die beweglichen Teile zu Störungen Veranlassung. Außer dem Mechanismus gehören hierzu die Schnüre zum Anschluß der Geräte. Wegen des Nachsetzens von Schnüren s. unter a) auf S. 20 und $\gamma$) auf S. 25.

Unterbrechungen sind gewöhnlich kalte Lötstellen, aber zuweilen auch Drahtbrüche. Berührungen kommen über Zinnspritzer, die vom Einlöten des Drahtkabels herrühren, zustande. Seltener liegen sie im Drahtkabel selbst.

### a) Schaltungen

Die Zahlentafel 2 gibt die wichtigsten Schaltzeichen wieder.

**Zahlentafel 2.** Schaltzeichen

| Bezeichnung | Zeichen | Bemerkungen |
|---|---|---|
| Empfänger | | |
| Erde | | |
| Fallklappe | | |
| Fernhörer | | |
| Fernsprecher | | OB ○ ZB ◎ W ◔ |
| Fernsprechstelle in einer Gesellschaftsleitung | | |
| Feuermelder | | mit elektr. Auslösung<br>mit Laufwerk<br>selbsttätig, Differenz<br>Höchstwert<br>Schmelzlot |
| Feuermeldezentrale | | für 4 Schleifen, mit Fernsprecher |
| Generator | | Gleichstrom: —<br>Wechselstrom: ∼ |
| Gleichrichtergerät | | |
| Handapparat | | |

| Bezeichnung | Zeichen | Bemerkungen |
|---|---|---|
| Hupe | | Gleichstrom: —<br>Wechselstrom: ∿ |
| Induktor | | |
| Klinke | | dreipolig<br><br>dreipolig mit Ausschalter |
| Kondensator | | |
| Konferenzapparat<br>(Freisprecher) | | |
| Lampe | | |
| Lautsprecher | | |
| Mehrfachanschlußgerät | | |
| Meßinstrumente | | Leistung: W Spannung V<br>Strom: A<br>Strom + Spannung: A, V |
| Mikrophon | | |
| Nummernscheibe | | |
| Polizeimelder | | mit Sperrung und<br>Fernsprecher |

| Bezeichnung | Zeichen | Bemerkungen |
|---|---|---|
| Relais | | Differenz- |
| | | Resonanz- |
| | | gepolt, mit einseitiger Ruhelage |
| | | gepolt, mit zwei Ruhelagen |
| | | gewöhnlich |
| | | mit Abfallverzögerung |
| | | » Anzugsverzögerung |
| | | unempfindlich für ∿ |
| Schalter, Hebel- | | mit 3 Stellungen<br>oben: ohne,<br>unten: mit Sperrung |
| Steuer- | | |
| Um- | | |
| | | mit elektrischer Entstörung |

| Bezeichnung | Zeichen | Bemerkungen |
|---|---|---|
| Schauzeichen | | |
| Sender | | |
| Sicherung, Spannungs- | | Fein-<br>Grob- |
| Strom- | | Fein-<br>Grob- |
| Sirene | | Gleichstrom: — Wechselstrom: $\sim$ feste Tonlage: z. B. 140<br>Heulton: $\overline{150}\diagdown 270$ |
| Stromquelle | 24 V | |
| Summer | | |
| Taste | | |
| , Feststell- | | |
| Trockengleichrichter | | |
| Übertrager, Umspanner | | |

| Bezeichnung | Zeichen | Bemerkungen |
|---|---|---|
| Uhr, Haupt- | | |
| Neben- | | |
| Unterbrecher | | |
| Vermittlungsstelle | | OB ○ ZB ◉ W ⟋  Halbsbsttätig ◔ |
| Wächtermelder | | mit Sicherheitsschaltung |
| Wähler, Dreh- | | ohne  Ruhestellung  mit |
| Hebdreh- | | |
| Wechselrichtergerät | | |
| Wecker | | Einschlag-  für Sicherheitsschaltung  gewöhnlich,Gleichstrom —  Wechselstrom ∿  mit Ablaufwerk |
| Widerstand | | |

**4\***

In den Schaltungszeichnungen werden die Apparate (Relais, Wähler) mit großen Buchstaben, ihre Kontakte mit den gleichen kleinen Buchstaben bezeichnet. Neben den Spulen aller Art und den Widerständen wird der Wert des Ohmschen Widerstandes, neben den Kondensatoren der Wert der Kapazität in $\mu$F angegeben. Die Spulenstifte werden mit arabischen Zahlen numeriert, und zwar bei Rundrelais in waagerechter Anordnung von links nach rechts, in senkrechter Anordnung von unten nach oben, also in gleichbleibendem Sinn. Bei Flachrelais, die stets senkrecht sitzen, erfolgt die Numerierung dagegen von oben nach unten,

bei Doppelrelais 　3　2

　　　　　　　　　4　1

　　　　　　　　　3　2

　　　　　　　　　4　1

Auch die Kontakte werden numeriert. Es tritt zu dem kleinen Buchstaben eine arabische Zahl, und zwar

bei Rundrelais　　1　3　5　bzw.　2　1

　　　　　　　　　2　4　6　　　　4　3

　　　　　　　　　　　　　　　　6　5

bei einfachen Flachrelais　1

　　　　　　　　　　　　　2

　　　　　　　　　　　　　3

　　　　　　　　　　　　　4

　　　　　　　　　　　　　5

Bei senkrechten Doppelrelais werden die Federn mit arabischen, die Kontakte mit römischen Zahlen bezeichnet, und zwar

　　　　　　1　2　3

　　　　　　　　　I

Spule　I　　　II

　　　　　　　　III

　　　　　　　　　I

Spule II　　　II

　　　　　　　　III

Die Bilder sowie die Kurzzeichen für die verschiedenen Relaiskontakte gehen aus der Zahlentafel 3 hervor.

**Zahlentafel 3.** Bilder und Kurzzeichen für Relaiskontakte

| Lfde. Nr. | Benennung | Bild | Darstellung in Stromlaufzeichnungen | Kurzzeichen |
|---|---|---|---|---|
| 1 | Arbeitskontakt | | | a |
| 2 | Ruhekontakt | | | r |
| 3 | Umschaltekontakt · | | | u |
| 4 | Folgeumschaltekontakt | | | fu[2]) |
| 5 | Zwillingsarbeitskontakt | | | za |
| 6 | Zwillingsruhekontakt | | | zr |
| 7 | Arbeitsarbeitskontakt | | [1]) | aa |
| 8 | Folgearbeitsarbeitskontakt | | [1]) | faa |
| 9 | Arbeitsruhekontakt | | [1]) | ar |
| 10 | Folgearbeitsruhekontakt | | [1]) | far |
| 11 | Ruhearbeitskontakt | | [1]) | ra[2]) |
| 12 | Folgeruhearbeitskontakt | | [1]) | fra |
| 13 | Ruheruhekontakt | | [1]) | rr |

*Relaisigung*

| Lfde. Nr. | Benennung | Bild | Darstellung in Stromlauf- zeichnungen | Kurz- zeichen |
|---|---|---|---|---|
| 14 | Ruhezwillingsarbeits- kontakt | | | rza |
| 15 | Zwillingsruhearbeits- kontakt | | | zra |
| 16 | Umschalteruhekontakt | | | ur[3]) |
| 17 | Arbeitsumschaltekontakt | | | au[3]) |
| 18 | Arbeitszwillingsarbeits- kontakt | | [1]) | aza[2]) |
| 19 | Folgeumschalteruhe- kontakt | | [1]) | fur[2]) |
| 20 | Folgearbeitsumschalte- kontakt | | [1]) | fau[2]) |
| 21 | Ruheumschaltekontakt | | [1]) | ru[2]) |
| 22 | Umschaltearbeitskontakt | | [1]) | ua[2]) |
| 23 | Folgeumschaltearbeits- kontakt | | [1]) | fua[2]) |
| 24 | Druckfeder | *Betätigung* | | df |

[1]) Werden in der Stromlaufzeichnung als Einzelkontakte dargestellt.
[2]) Nur für Rundrelais.
[3]) Werden in der Stromlaufzeichnung als elektrisch verbundene Einzel- kontakte dargestellt. Eine Feder wird somit zweimal gezeichnet. Die Ver- bindungslinie in der Sromlaufzeichnung kann beliebig lang dargestellt werden.

In den Schaltungszeichnungen werden Sprechleitungen ($a$, $b$) dicker als die übrigen ($c$, $d$ usw.) dargestellt. Verbindungsstellen werden mit einem Punkt gekennzeichnet. Anschlußstellen werden als kleine Kreise mit Buchstaben oder Zahlen oder beiden daneben gezeichnet, die mit den Angaben in den Lötlisten (s. Bau von Fernmeldeanlagen)[1]) übereinstimmen.

Die Schaltungszeichnungen enthalten noch eine Übersicht von den verwendeten Relais, die in Gruppen zusammengefaßt werden, z. B. für jedes anzuschließende Gerät, für bestimmte Sätze, für gemeinsame Zwecke usw. (s. Zahlentafel 4).

### Zahlentafel 4. Relaisübersicht.

| Relais | Kontakte 1 | 2 | 3 | 4 | 5 | Lötstifte 1 | 2 | 3 | 4 | 5 | Bv. |
|--------|---|---|---|---|---|---|---|---|---|---|-----|
| An | u |  | a |  | u |  |  |  |  |  | 123/45 |
| E | u |  | r |  | zra |  |  |  |  |  | 127/54 |
| H |  | a |  | u |  |  |  |  |  |  | 143/44 |
| AK |  |  | aa |  |  |  |  |  |  |  | 83/7 |
| R | r |  | u |  | r |  |  |  |  |  | 129/42 |
| F | u |  | a |  | ar |  |  |  |  |  | 143/55 |

Ferner wird auf den Schaltungszeichnungen noch angegeben, wie die Stromkreise gesichert sind. Die Sicherungen werden nach Nummern aufgeführt, wie sie im Streifen sitzen und auch in der Zeichnung bezeichnet sind. Daneben sind die Stromstärke in $A$ und die zu schützenden Stromkreise vermerkt.

Beim Schaltungslesen wird immer vom —-Pol der Batterie, also von der Sicherung begonnen. Die Hersteller der Fernmeldeeinrichtungen fügen jeder Schaltungszeichnung eine Beschreibung bei, mit deren Hilfe die einzelnen Schaltvorgänge leicht verfolgt werden können. Zum vollen Verständnis der Einrichtungen ist es aber nötig, die Betriebsvorgänge genau zu kennen, wie sie sich aus der Bedienungsanweisung ergeben, denn erst dann ist der Zusammenhang zwischen Ursache und Wirkung klar ersichtlich. Jede Art von Fernmeldeanlagen hat ihre bestimmten Schaltungsgrundzüge[2]), die dem Entstörer geläufig sein müssen. Selbstverständlich muß ein Entstörer auch die Wirkungsweise der verschiedenen Relaisarten[2]) kennen, die nicht immer in den Beschreibungen besonders erwähnt wird, weil sie als bekannt vorausgesetzt werden kann.

---

[1]) Im selben Verlag erschienen.
[2]) H. W. Goetsch: Taschenbuch für Fernmeldetechniker.

## b) Eingrenzung von Störungen

Die meisten Fehler sind sichtbar: falsche Einstellung des Apparats (Taste, Relais usw.), Kontaktveränderungen, abgebrochener oder schlecht verlöteter Draht, Berührung von Teilen. Die übrigen sind an ausbleibenden oder unbeabsichtigten Wirkungen eines Schaltvorganges erkennbar. Ihre Ursachen sind Unterbrechungen bzw. Berührungen.

### α) *Unterbrechungen*

Spricht ein Apparat, der ordnungsmäßig eingestellt ist, bei stromleitender Sicherung und bei Betätigung des seinen Stromkreis schließenden Teils (Taste, Relais) nicht an, so ist entweder er oder sein Anschluß unterbrochen. Steht das Gerät oder die Einrichtung unter Strom, so wird der Prüfhörer an die Zuführungen des Apparates gelegt.

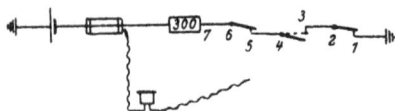

Bild 31. Eingrenzen einer Unterbrechung in einem einfachen Stromkreise

Knackt es im Hörer, so ist die Zuführung in Ordnung und der Apparat unterbrochen. Eine unterbrochene Drahtverbindung wird eingegrenzt, indem die eine Zuführung des Hörers an die Sicherung gelegt und mit dem anderen Griffel vom Pluspol ausgehend die Lötösen der im Stromkreis liegenden Kontakte berührt werden. Sobald das Knacken ausbleibt, liegt die Unterbrechung zwischen der zuletzt und vorletzt berührten Stelle. Hierbei ist natürlich vorausgesetzt, daß die Ruhekontakte einschließlich der künstlich betätigten Arbeitskontakte in Ordnung sind (Bild 31).

Steht die Betriebsspannung nicht zur Verfügung, so werden die Teile des gestörten Geräts mit Hilfe einer fremden Stromquelle (z. B. Trockenelemente) geprüft. Bild 32 zeigt einen verzweigten durch Kondensatoren verriegelten Stromkreis. Die eine Zuführung des mit einer Batterie in Reihe geschalteten Prüfhörers wird an die Klemme *I* gelegt und mit der andern zunächst die Stellen *1* und *2*

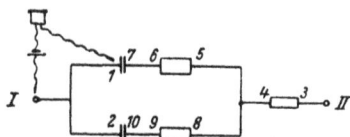

Bild 32. Eingrenzen einer Unterbrechung in einem verzweigten, mit Kondensatoren verriegelten Stromkreise

berührt. Knackt es im Hörer, so sind die Stromwege in Ordnung. Der Hörer wird dann an *II* gelegt und nacheinander die Stellen *3* bis *10* geprüft. Bleibt das Knacken aus, so liegt die Unterbrechung zwischen den beiden zuletzt berührten Stellen. Sind auch diese Wege stromfähig, so müssen noch die Kondensatoren geprüft werden. Der Hörer wird mit der Batterie an *1/7* bzw. *2/10* gelegt und muß auf den Ladestrom des Kondensators ansprechen. Tut er es nicht, so liegt die Unterbrechung im Kondensator. Nun kann aber über den Hörer auch ein Stromfluß zustande kommen, wenn der Kondensator Kurzschluß hat. Daher muß er zum zweitenmal berührt werden und darf nicht nochmals einen Ladungsstrom erzeugen, d. h. der Hörer darf hierbei nicht knacken.

Die Prüfung von Kondensatoren erfolgt am einfachsten in der Weise, daß sie mit einer Spannung aufgeladen und über den Prüfhörer entladen werden.

### β) Berührungen

Spricht ein elektromagnetischer Apparat trotz stromfähiger Spule und Drahtverbindung nicht oder nur schwach an, so liegen Windungs- oder Körperschlüsse vor, die, wie bereits unter 1 erwähnt wurde, durch Messung oder Prüfung erkannt werden können. Der Fehler kann aber auch durch unbeabsichtigte Stromverzweigungen hervorgerufen sein, die durch Ausbleiben der Öffnung von Kontakten oder durch Berührung von Drähten im Kabel verursacht werden.

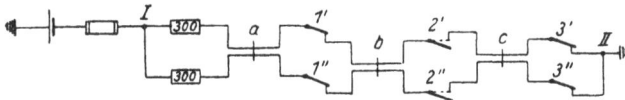

Bild 33. Berührung im Drahtkabel

Dieser letzte Fall ist im Bild 33 wiedergegeben. Die Berührung kann auf der Strecke a, b oder c liegen und macht sich dadurch bemerkbar, daß beide Relais ansprechen, auch wenn sich nur einer der beiden Kontaktreihen schließt. Zu ihrer Eingrenzung werden beide Kontakte 2 dauernd geschlossen gehalten. Fallen beim Öffnen des Kontaktes 1′ die Anker beider Relais nicht ab, so liegt der Fehler bei a. Er liegt bei b, wenn die Anker angezogen bleiben, trotzdem 2′ oder 2″, bei c, wenn 3′ geöffnet worden ist.

Beim Prüfen eines Geräts in stromlosem Zustande mit dem Prüfhörer und einer Batterie müssen die Verbindungen bei I und II aufgetrennt werden. Die eine Zuführung des Prüfgeräts kommt an den Eingangsspulenstift des oberen Relais zu liegen, während mit der andern zunächst der Kontakt 1″ berührt wird. Spricht der Hörer an, so liegt die Berührung auf der Strecke a. Andernfalls wird nun die untere Feder von 2″ berührt. Der Fehler liegt bei b, wenn es im Hörer knackt. Ist jedoch auch diese Strecke fehlerfrei, wird die eine Zuführung mit der Batterie an den oberen Kontakt von 2′ gelegt und mit der des Hörers der Kontakt 3″ berührt. Der Hörer muß jetzt über c Strom erhalten.

Vor dem Wiedereinsetzen einer Hauptsicherung, die auf einen Kurzschluß angesprochen hatte, sind nach Behebung der Störungsursache zunächst die Stromkreise durch Herausnahme der Einzelsicherungen abzutrennen, damit die Hauptsicherung nicht etwa durch die plötzliche Anschaltung aller Stromkreise überlastet wird. Erst nachdem die Apparate der einzelnen Stromkreise in ihre Ruhestellung zurückgeführt sind, werden die Einzelsicherungen wieder eingesetzt.

### γ) Nebenschließungen

Nebenschließungen entstehen durch Feuchtigkeit. Sie führen zu Stromübergängen, die bei genügender Stärke die Wirkung der angeschlossenen Apparate beeinträchtigen können. So kann z. B. im Bild 33 durch Nebenschließung an einer der drei gezeichneten Stellen der Anker eines der beiden angesprochenen Relais nur abfallen, wenn einer der drei Kontakte des anderen Stromkreises geöffnet ist, weil das Relais über die Nebenschließung an diesen Stellen einen Haltestrom bekommt. Mit einem Isolationsmesser (s. unter 2 und 3 auf S. 75 und 76) kann die Größe der Nebenschließung erkannt werden. Hierbei muß die Betriebsspannung abgeschaltet sein.

In Sprechleitungen rufen Nebenschließungen Übersprechen hervor. Ihre Lage kann unter Benutzung von Summerströmen festgestellt werden. Die zu prüfenden Leitungen werden an ihren Enden offengelassen und in eine der Summerstrom geschickt. Die andere wird dann streckenweise von Lotstelle zu Lötstelle mit dem Prüfhörer abgehört, wobei der zu prüfende Teil von den übrigen Teilen der Leitung durch Öffnen von Kontakten oder Auslöten der Drähte abzutrennen ist.

### δ) Schadhafte Schnüre

Zur Feststellung von Unterbrechungen in Schnüren werden die Adern an einem Ende miteinander verbunden. Zwei um zwei Adern am andern Ende werden dann an den Prüfsummer gelegt und die Schnur auf ihrer ganzen Länge bewegt. Das Sternschauzeichen muß bei einwandfreien Schnüren stehen bleiben. Liegen die schadhaften Stellen am Ende der Schnur, was durch die Bewegung einwandfrei festgestellt werden kann, so kann die Schnur noch nachgesetzt werden (s. unter 3 a) auf S. 20 und γ) auf S. 25.

Das Rauschen von Schnüren wird in gleicher Weise unter Benutzung eines Elements und eines Prüfhörers ermittelt, die mit den Adern in Reihe geschaltet werden.

### c) Beseitigung von Störungen

#### α) In Apparaten

Die Apparate sind entsprechend den von den Herstellern erlassenen Anweisungen einzustellen. Kontaktmängel sind zu beseitigen (s. unter 1 auf S. 45). Apparate mit schadhaften Spulen werden in der Regel ausgewechselt, doch können in geeigneten Fällen auch die Spulen allein ausgetauscht werden.

#### β) In Drahtkabeln

Ein unterbrochener Draht muß durch einen stromfähigen ersetzt werden. Er bleibt am besten im Drahtkabel liegen, während der neue Draht nachgebunden wird (s. Bau von Fernmeldeanlagen, Teil 1)[1]).

Von den beiden Drähten, die sich berühren, wird einer an beiden Enden isoliert und für den andern ein Ersatzdraht eingebunden. Drähte mit Körperschluß müssen stets durch andere ersetzt werden.

Sind derartige Fehler in einem Drahtkabel mehrfach aufgetreten, so wird das Drahtkabel aufgeschnitten und nach der Ursache geforscht.

Bei Nebenschließungen ist zu versuchen, die Feuchtigkeit an der erkannten Stelle durch Trocknen mit einem elektrischen Heizofen zu vertreiben. Gelingt dies nicht in dem vorgeschriebenen Maße (s. Bau von Fernmeldeanlagen, Teil 1)[1]) oder ist die Isolation der Drähte für das Gerät überhaupt nicht ausreichend, so wird das Drahtkabel ausgewechselt.

## B. In Anlagen

### 1. Signalanlagen

#### a) Lichtsignalanlagen

In Lichtsignalanlagen beruhen die hauptsächlichsten Störungen auf Kontaktfehler und sind in den Lampen zu suchen. Sind Tasten oder Schalter mit Schnüren angeschlossen, so können sie auch hierin liegen.

#### b) Wasserstandsfernmelder

In Wasserstandsfernmeldern ist das Kontaktwerk den Witterungseinflüssen stark ausgesetzt und daher am störungsanfälligsten. Schwimmer und Gegengewicht können sich bei unvollkommener Führung festgesetzt haben.

#### c) Grubensignalanlagen

Bei der kräftigen Bauart der Apparate können Mängel nur bei gewaltsamer Beschädigung entstehen. Hinsichtlich der Signalempfänger gilt das gleiche wie für gewöhnliche Geräte.

### 2. Anlagen besonderer Art

#### a) Feuermelde- und Mannschaftsalarm-, Polizeiruf- sowie Wächterkontrollanlagen

Bei Feuermelde- und Mannschaftsalarm-, Polizeiruf- sowie Wächterkontrollanlagen treten die Störungen hauptsächlich in den im Freien sitzenden Meldern und Weckern auf. Sind diese Geräte mit Freileitungen angeschlossen, können Unterbrechungen durch angesprochene Sicherungen, Erdschlüsse durch Berühren der Elektroden in den Blitzableitern hervorgerufen sein.

Wegen der mit ihnen verbundenen Fernsprecheinrichtung s. unter 4 auf S. 60.

#### b) Selbsttätige Feuer- und Gefahrmeldeanlagen

In selbsttätigen Feuermelde- und Gefahrmeldeanlagen bleiben die Störungen größtenteils auf die Empfangszentrale beschränkt.

---

[1]) Im selben Verlag erschienen.

## c) Raumschutzanlagen

In Raumschutzanlagen geben zu empfindliche Einstellungen der Sicherungskontakte am meisten Veranlassung zu Störungen. Im übrigen können wie bei anderen Anlagen auch Kontaktfehler auftreten.

### 3. Uhrenanlagen

Die Störungsursachen sind in den meisten Fällen in dem Kontaktwerk der Hauptuhr zu suchen. Das Vorlaufen von Nebenuhren rührt davon her, daß die Kontaktdauer zu kurz ist. In den Spulen der Nebenuhren können Unterbrechungen und Windungsschlüsse auftreten. Der Dauermagnet kann zuviel Magnetismus verloren haben. Die Uhr bleibt dann nach oder läuft vor. Ist der Magnetismus ganz verlorengegangen, so spricht die Uhr überhaupt nicht mehr an. Schadhafte Spulen und Magnete sind auszuwechseln.

Mechanische Hemmungen können von Verschmutzung und Verdickung des Öls herrühren, die besonders bei Außenuhren leicht eintreten können.

### 4. Fernsprechanlagen

#### a) Relais

Bei vorschriftsmäßiger Einstellung der Relais ist ein Kleben des Ankers darauf zurückzuführen, daß sich auf dem Kern eine klebrige Staubschicht gebildet hat. Sie wird am einfachsten dadurch beseitigt. daß ein weißer glatter Papierstreifen zwischen dem Kern und dem Anker so lange hindurchgezogen wird, bis er keine Spuren mehr annimmt.

#### b) Nummernscheibe

##### α) *Frequenz*

Die Nummernscheibe soll 10 Impulse in einer Sekunde machen. Abweichungen von $\pm 0,1$ s sind zulässig.

Bild 34. Frequenzmesser    Bild 35. Schaltung des Frequenzmessers

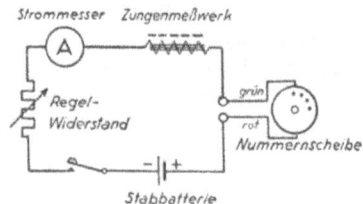

Die Ablaufzeit wird mit dem Frequenzmesser (Bild 34) geprüft. Dieses Gerät enthält außer dem eigentlichen Frequenzmeßwerk einen Strommesser und einen Regelwiderstand sowie eine 3 V-Stabbatterie, die mit der zu prüfenden Nummernscheibe in Reihe geschaltet werden (Bild 35). Die Kabelschuhe der Anschlußschnur der Nummernscheibe werden zwischen die Blattfedern der seitlich am Apparat befindlichen Klemmen eingeschoben, und zwar die der gelben und grünen Litze. Darauf wird zunächst durch Drehen des unter dem Skalenfenster befindlichen Rändelknopfes der Stromkreis geschlossen und die Stromstärke auf 50 mA geregelt. Beim Ablauf der Nummernscheibe wechselt die Stromstärke rasch hintereinander zwischen dem vollen Wert und Null und läßt den Zeiger des Drehspulstrommessers um einen mittleren Wert pendeln. Dieser beträgt bei 50 mA und dem Impulsverhältnis 1,6 (s. unter $\beta$) 19,2 mA. Die Grenzen für das Impulsverhältnis sind bei 21,7 und 17,2 mA durch je einen roten Strich gekennzeichnet. Liegt der aufkommende mittlere Stromwert nicht mehr innerhalb der beiden roten Striche, so muß das Impulsverhältnis durch Nachspannung der Impulsfeder richtiggestellt werden.

Das Frequenzmeßwerk hat 7 Zungen für 8,5...10...11,5 Per/s. Die durch den roten Skalenstrich hervorgehobene Zunge für 10 Per/s muß am stärksten schwingen. Tritt dies nicht ein, so muß der Ablaufregler verstellt werden.

Nach der Prüfung wird der Regelknopf wieder ganz zurückgestellt und damit die Batterie ausgeschaltet.

$\beta$) *Stromstoßreihe*

Das Verhältnis zwischen Unterbrechungs- und Schließungsdauer des Stromstoßkontaktes *nsi* soll 1,3:1,9 betragen. Der Arbeitskontakt *nsa* muß sich schließen, sobald die Fingerscheibe in Tätigkeit gesetzt wird. Er soll sich öffnen zu der Zeit, in der sich der Stromstoßkontakt zum letztenmal schließt. Höchstzulässige Abweichung für den Zeitpunkt der Öffnung:

$2/_8$ der letzten Unterbrechungslänge vor und
$1/_8$ nach der letzten Schließung des Stromstoßkontaktes.

Bild 36. Impulsschreiber

Zum Messen von Stromstoßreihen wird der Impulsschreiber (Bild 36) benutzt. Zum Antrieb dieses Geräts dient ein Synchronmotor, der mit einer Schnur und einem Stecker an die Lichtleitung angeschlossen wird. Er bewegt einen gewachsten Papierstreifen gleichmäßig in einer Sekunde 250 mm, d. h. 1 mm Streifen = 4 ms, unter einem Stahlstift, der mit leichtem Druck die Wachsauflage von dem roten Papier entfernt.

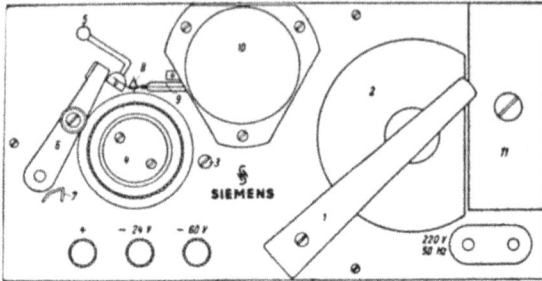

Bild 37. Bedienungsplatte des Impulsschreibers

Das Magnetsystem, das die Stromstöße aufnimmt, arbeitet mit den beiden in Fernsprechanlagen gebräuchlichsten Gleichspannungen von 24 und 60 V. Es läßt sich auch an andere Betriebsspannungen anpassen. Die Anschlüsse befinden sich auf der Bedienungsplatte des Geräts (+ und — 24 V sowie — 60 V, 220 V, 50 Hz, Bild 37). Bei 110 V-Netzen wird ein entsprechender Transformator benutzt.

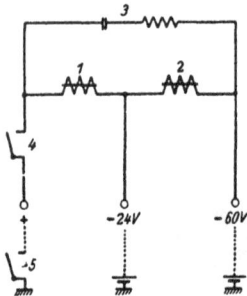

Bild 38. Schaltung des Schreib-systems

Mit einem Einschalthebel kann der Papiervorschub freigegeben werden. Die Magnetspule (Schreibspule, s. Bild 38) ist durch einen Einschaltkontakt abgetrennt, um bei der Messung von Ruhekontakte neine Dauereinschaltung zu vermeiden. Die zu messenden Kontakte werden durch eine Funkenlöschung im Impulsschreiber geschützt.

Zur Prüfung einer Nummernscheibe wird die eine Feder des *nsi*-Kontaktes mit dem Pluspol der Batterie, die andere mit der Plusklemme des Schreibers verbunden. Befindet sich die Nummernscheibe im Fernsprechapparat, so wird die Mikrophonkapsel herausgenommen und ihre Zuführungsklemmen miteinander verbunden.

Widerstand und Windungszahl des Schreibmagneten sind so bemessen, daß das Magnetsystem über einen vorgeschalteten Widerstand nicht mehr anspricht, da es bei der damit verbundenen Stromschwächung nicht verzerrungsfrei arbeiten kann.

Bei der Aufnahme des Stromstoßkontaktes einer Nummernscheibe werden der Gesamtablauf, die Zeit der einzelnen Stromstöße und das Stromverhältnis gemessen.

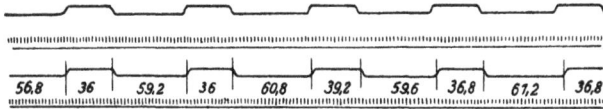

| 56,8 | 36 | 59,2 | 36 | 60,8 | 39,2 | 59,6 | 36,8 | 67,2 | 36,8 |

Bild 39. Aufnahmestreifen, oben: ohne Auswertungen; unten: mit Auswertungen

Die Benutzung des Impulsschreibers beschränkt sich aber nicht nur auf die Prüfung der Nummernscheiben, sondern erstreckt sich auch auf die Prüfung von Verzerrungen in einer Anlage. Hierzu wird zunächst eine bestimmte Nummernscheibe gemessen (Bild 39, oben), die man dann auf das Stromstoßrelais der Wählereinrichtung wirken läßt. Zur Messung des Stromstoßkontaktes dieses Relais wird einer seiner Kontakte freigemacht und wie vorhin die Nummernscheibe mit dem Schreiber verbunden. Der Vergleich dieser beiden Aufnahmen zeigt die Verzerrung des Stromstoßrelais, die durch Kabelleitungen, Kondensatoren und Nebenschlüsse hervorgerufen wird (Bild 39, unten). In der gleichen Weise werden die Stromstoßrelais der nachfolgenden Wahlstufen oder die Übertragungen gemessen und so der Verlauf der Stromstoßübertragungen festgehalten.

### c) Prüfeinrichtungen

Zur Prüfung der Sprechstellen und der Vermittlungseinrichtung besitzen große Fernsprechanlagen besondere Prüfeinrichtungen in Schrank- oder Tischform, die sich am Hauptverteiler einschalten lassen (s. Bau von Fernmeldeanlagen, Teil 1)[1]). Sie ermöglichen eine rasche Eingrenzung und genaue Erkennung der Art der Störung, zumal sie mit Meßinstrumenten ausgerüstet sind.

### d) Übersprechen

Zur Eingrenzung von Übersprechen werden zunächst von Sprechstellen, die in getrennten Räumen liegen, damit das Sprechen nicht unmittelbar gehört werden kann, zwei ordnungsmäßige Gesprächsverbindungen hergestellt. An einem Sprechapparat werden zusammenhängende Sätze in einer beim Sprechen am Fernsprecher üblichen Lautstärke vorgelesen. Können zwar einzelne Silben, nicht aber Wörter oder Sätze im Zusammenhang verstanden werden, so kann von Maßnahmen zur Beseitigung abgesehen werden. Andernfalls muß der Fehler eingegrenzt werden. Da die Apparate der Geräte usw. so angeordnet und gegeneinander abgeschirmt sind, daß durch sie kein Übersprechen möglich ist, und auch auf die Symmetrie bei der Verkabelung der Drähte peinlich bei der Herstellung der Geräte usw. geachtet wird, rührt der

---

[1]) Im selben Verlag erschienen.

Fehler gewöhnlich von Nebenschließungen in den Drahtkabeln her, die wie unter b γ beschrieben worden ist, einzugrenzen und nach den Anweisungen unter c β zu beseitigen sind. Die Lage der Unsymmetrie wird wie Nebenschließungen ermittelt, und zwar mit dem Übersprechdämpfungsmesser (s. unter G auf S. 98).

## C. In Stromversorgungsanlagen

Die mit dem Starkstromnetz in Verbindung stehenden Teile des Geräts müssen immer, die an die Niederspannung angeschlossenen Teile möglichst spannungslos gemacht werden. Entladeleitungen usw. können nicht abgeschaltet werden, wenn dadurch der Betrieb unterbrochen und vor der Wiedereinschaltung umfangreiche Maßnahmen erforderlich werden.

### 1. Trockengleichrichter

Störungen in Trockengleichrichtern sind selten, da kurzzeitige Überlastungen oder gar Kurzschlüsse nicht zum Durchschlagen des Gleichrichters führen. Tritt dies ein, so schlägt die Netzsicherung beim Einschalten durch. Das schadhafte Element muß dann ausgewechselt werden. Läßt die Leistung des Gleichrichters nach, so wird der Abgriff am Transformator so geschaltet, daß die Nennleistung wieder erreicht wird. Wegen der hierbei auszuführenden Messungen s. unter b β auf S. 82.

### 2. Quecksilberdampfgleichrichter

Eine der häufigsten Störungsquellen ist die Zündung. Zunächst ist zu prüfen, ob die Netzspannung vorhanden ist und das Gefäß richtig, d. h. entsprechend der von der Lieferfirma gegebenen Anweisung hängt, damit die Hilfsanode richtig arbeiten kann. Entsteht dann beim Schütteln des Kolbens kein Abreißfunke, so muß der Zündstromkreis ausgeprüft werden. Ist der Abreißfunke gelblich statt bläulich, und schlägt das Quecksilber mit dumpfem, stark gedämpftem Ton statt metallhartem Klang gegen die Glaswand, dann ist der Kolben undicht. Bei solchen Kolben ist das Quecksilber oft mit einer Oxydschicht überzogen und enthält Luft, die beim Schütteln in Blasen herauskommt. Ein schadhafter Kolben ist unter Beachtung der von dem Hersteller erlassenen Vorschriften gegen den Vorratskolben auszuwechseln.

Springt die Zündung beim Einschalten des Ladestromkreises nicht auf die Anoden über, so ist dieser Stromkreis unterbrochen und muß ausgeprüft werden.

Fallen bei mehrphasigen Gleichrichtern Anoden aus, so fehlt eine Netzphase. Die Netzzuführung ist zu untersuchen.

### 3. Glühkathodengleichrichter

Infolge Fehlen besonderer Zündeinrichtungen ist die Störungsanfälligkeit äußerst gering. Beim Versagen des Gleichrichters ist zuerst auf guten Kontakt der Röhren mit ihren Fassungen zu achten.

## 4. Maschinen

Läßt sich der Gleichstromgenerator nicht erregen, so liegt gewöhnlich eine Unterbrechung im Anlasser oder Nebenschlußregler vor oder die offene Ladeleitung ist kurzgeschlossen. Auch fehlender remanenter Magnetismus in den Feldmagneten kann die Ursache sein. Dies tritt ein, wenn die Batterie auf den stillstehenden Generator geschaltet ist. Die Bürsten sind dann vom Kollektor abzuheben und zu isolieren und die Batterie einige Sekunden lang auf den Generator zu schalten. Dieser Fehler kann auch bewirken, daß die Feldspulen unter dem Einfluß der Ankerrückwirkung ihre Polarität wechseln.

Starke Funkenbildung am Kollektor weist in der Regel auf mangelhafte Wartung hin (s. unter 5a auf S. 29). Sie kann ihre Ursache auch darin haben, daß die Magnetspulen Windungsschluß haben, die Ankerwicklung stellenweise unterbrochen oder der Kontakt zwischen Wicklung, Lamellen und Fahnen schlecht ist. In solchen Fällen verbrennen nur einzelne Lamellen und der Generator muß dem Hersteller zur Instandsetzung übergeben werden.

Machen sich beim Regeln der Ladestromstärke starke Stöße bemerkbar, so ist entweder der Anlasser unterbrochen oder im Anker Wicklungsschluß. Der letzte Fehler ist daran zu erkennen, daß einzelne Lamellen Brandstellen aufweisen, der Anker an zwei Stellen schwer zu drehen ist und eine große Stromaufnahme eintritt. Der Generator muß dann durch die Lieferfirma instandgesetzt werden.

## 5. Sammler

Die Störungsursachen können in der Regel durch Besichtigung der Zellen erkannt werden. Wegen ihrer Beseitigung s. unter C 2 auf S. 26.

Kurzschlüsse zeigen sich durch geringe Spannung und Säuredichte sowie durch verspätetes Einsetzen der Gasentwicklung bei der Ladung im Verhältnis zu den gesunden Zellen an. Sie sind in kleinen Glasgefäßen beim Durchleuchten der Zelle sichtbar. Bei großen Gefäßen

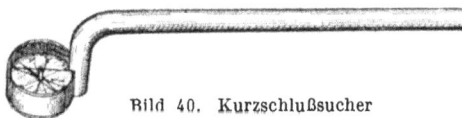

Bild 40. Kurzschlußsucher

wird das Eingrenzen durch Benutzung eines Kurzschlußsuchers (Bild 40) erleichtert. Dieser besteht aus einer Magnetnadel mit Flüssigkeitsdämpfung, auf die der elektrische Strom der Sammler wirkt. Er wird nacheinander auf die kleinen Tragefahnen gelegt, die zwischen den zu den Bleileisten führenden Stromableitungen (Fahnen) der Platten liegen (Bild 41). Die Magnetnadel zeigt, solange sie sich an kurzschlußfreien Platten befindet, gar keine oder nur eine geringe Abweichung, wird aber kräftig abgelenkt, sobald sie an eine Platte kommt, die Kurzschluß hat.

Sind mehrere Kurzschlüsse in einer Zelle, so ändert die Nadel an jeder Platte, die Kurzschluß hat, ihre Lage.

Zur Nachprüfung des Ergebnisses wird die Kurzschlußplatte in gleicher Weise auch an der gegenüberliegenden Fahnenreihe ermittelt, so daß genau feststeht, zwischen welcher positiven und negativen Platte der Fehler liegt. Der Zeitpunkt zur Ermittlung eines Kurzschlusses ist gegen das Ende der Ladung am geeignetsten, weil dann die Spannung am großten und daher auch der Kurzschlußstrom in der Zelle am stärksten ist.

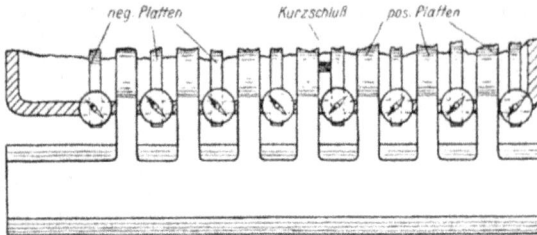

Bild 41. Anzeige eines Kurzschlusses

Nach Beseitigung des Kurzschlusses wird die ganze Batterie aufgeladen und dann so lange nach geladen, bis auch die Säuredichteder Zelle, die mit dem Fehler behaftet war, den Hochstwert erreicht hat. Dies wird bei der ersten Aufladung meistens nicht gelingen. Es genügt auch, wenn die Säuredichte dieser Zelle bei der ersten Aufladung stark ansteigt und sich erst nach langerem Arbeiten der Batterie auf den richtigen Wert einstellt. Steigt die Sauredichte aber bei der ersten Aufladung nur gering, so sind die Platten schon stark sulfatiert und die Zelle muß einzeln nachgeladen werden. Wegen der Nachladung s. unter b β auf S. 27.

Ausgelaufene Zellen werden überbrückt. Die hierfür zu benutzenden Stucke mussen den der Batteriesicherung entsprechenden Querschnitt haben. Die Batterie ist vor der Überbrückung auszuschalten, damit sich starke Entladestrome nicht auswirken.

## D. In Leitungen

Die zur Verbindung von Geräten und Einrichtungen benötigten Leitungen sind Einzel- oder Doppelleitungen. Die in ihnen auftretenden Storungen konnen durch Unterbrechungen, Berührungen sowie Neben- und Erdschlusse hervorgerufen werden.

Bi d 42. Unterbrechung in einer Abzweigung

Bild 43. Eingrenzen einer Unterbrechung

## 1. Eingrenzung

### a) Von Unterbrechungen

Unterbrechungen kennzeichnen ihre Lage bei verzweigten Leitungen von selbst: die an dem gestörten Zweig angeschlossenen Geräte fallen aus (Bild 42). Zur Eingrenzung einer Unterbrechung wird die Leitung an einem Ende geerdet und vom andern Ende mit Gleichstrom geprüft (Bild 43).

### b) Von Berührungen

Es sind Berührungen der gestörten Leitung mit einer anderen Leitung (Bild 44) und Berührungen der beiden Drähte einer Doppelleitung miteinander (Bild 45) zu unterscheiden. Im ersten Fall tritt

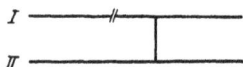

Bild 44. Eingrenzen einer Berührung von zwei verschiedenen Leitungen

Bild 45. Eingrenzen einer Berührung zwischen den Zweigen einer Doppelleitung

eine Stromverzweigung, im zweiten ein Kurzschluß der hinter der Fehlerstelle liegenden Geräte ein. Zur Eingrenzung des Fehlers muß die Leitung isoliert werden.

### c) Von Neben- und Erdschlüssen

Nebenschlüsse können durch Berührung einer Leitung mit anderen Leitungen (Bild 46) oder des $a$- und $b$-Drahtes einer Doppelleitung (Bild 47) sowie durch Berührung einer Leitung mit geerdeten Gegen-

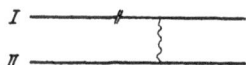

Bild 46. Nebenschluß zwischen zwei Leitungen

Bild 47. Nebenschluß zwischen den Zweigen einer Doppelleitung

ständen (Bleimäntel, Rohre, Stützen, Querträger, Maste) über einen höheren Übergangswiderstand entstehen (Bild 48). Erdschlüsse sind gut leitende Verbindungen mit einem geerdeten Teil oder der Erde

Bild 48. Nebenschluß zur Erde

Bild 49. Erdschluß

selbst (Bild 49). Während ein Nebenschluß oder ein Erdschluß in nur einem Zweig nur bei geerdeter Batterie einen Kurzschluß des angeschlossenen Geräts verursacht (Bild 50), führt er in einer Einzelleitung immer

**5***

hierzu. Das gleiche tritt ein, wenn beide Zweige einer Doppelleitung mit Erdschluß behaftet sind (Bild 51).
Hinsichtlich der Eingrenzung gilt das gleiche wie unter b.

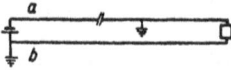

Bild 50. Erdschluß in einem Zweige einer Doppelleitung

Bild 51. Erdschluß in beiden Zweigen einer Doppelleitung

## 2. Leitungen in Gebäuden

### a) Prüfstellen

Die Stellen, zwischen denen die Eingrenzung der Störungen erfolgt, sind: Klemmen, Dosen, Verzweiger und Verteiler. Führt die gestörte Leitung über mehrere solcher Stellen, so wird die gestörte Strecke

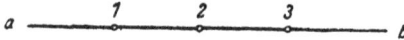

Bild 52. Eingrenzen einer Unterbrechung

durch stetes Halbieren gefunden. Die Leitung $a-b$ im Bild 52 führt über drei Stellen. Zunächst wird von der Stelle 2 geprüft und ermittelt, daß der Fehler zwischen 2 und $b$ liegt. Dann wird von 3 aus geprüft und festgestellt, daß die Strecke $3-b$ gestört ist.

### b) Beseitigung

Sind keine Ersatzdrähte in Rohren oder Ersatzadern in Kabeln vorhanden, so muß der fehlerhafte Draht oder das fehlerhafte Kabel ausgewechselt werden. Die Ursache der Störung (durch das Rohr oder das Kabel getriebener Nagel, feuchte Wand) ist zu beseitigen.

## 3. Freileitungen

### a) Prüfstellen

Die Stellen, von denen aus die Leitungen geprüft werden, sind die Sicherungen, die zu diesem Zwecke ausgeschaltet werden. Längere Strecken sowie Abzweigungen besitzen Untersuchungsstellen, an denen die Leitungsdrähte getrennt oder geerdet werden können. Diese Stellen ermöglichen es auch, mit einem Fernsprecher in die Leitung einzutreten. Die Fehlerstrecke wird durch Halbieren der Leitungsstrecke mit Hilfe dieser Untersuchungsstellen ermittelt. Die Fehlerlage selbst muß durch Begehen der Leitungsstrecke gesucht werden.

### b) Beseitigung

#### α) von gerissenen Leitungen

Hängen beide Drahtenden auf der Erde, so werden sie mit einem Flaschenzug so weit wie möglich zusammengezogen und behelfsmäßig miteinander verbunden. Hierbei müssen sie mit Fangleinen von den anderen Leitungen ferngehalten und nötigenfalls die Bindungen an den benachbarten Masten gelöst werden. Die Leitung wird dann von den nächsten Masten abgenommen, und die gerissenen Enden ganz zusammengezogen. Von jedem Ende werden 50 cm abgeschnitten und ein neues Drahtstück eingesetzt. Befindet sich in der Nähe eine Verbindungsstelle, so wird sie unter Verwendung eines längeren Drahtstücks beseitigt. Nach Entfernung des Flaschenzugs und der Hilfsverbindung wird der Leitungsdraht wieder auf seine Isoliervorrichtungen gebracht und gebunden.

Liegt die Reißstelle dicht an einem Stützpunkt oder läßt sich die Leitung von den Querträgern nicht herunternehmen, so werden die durchgeglittenen Enden bis an die beiden Maste, die die Reißstelle begrenzen, auf den richtigen Durchhang gebracht und mit Frosch- oder Kniehebelklemmen festgelegt. Zwischen den beiden Masten wird ein neues Drahtstück ausgelegt, gereckt und vorsichtig bis in die Höhe seiner Isoliervorrichtungen gebracht, wo es am Mast oder den Querträgern befestigt wird. Darauf wird der gerissene Leitungsdraht ½ m vom Isolator des einen Mastes abgeschnitten und das Ende unter Anlegung eines Flaschenzuges mit dem neuen Drahtstück verbunden. Nachdem der Durchhang hergestellt worden ist, erfolgt am anderen Ende die Verbindung in gleicher Weise.

### β) von Drahtverschlingungen

Drahtverschlingungen lassen sich gewöhnlich dadurch beseitigen, daß einer der beiden verschlungenen Drähte von dem einen Stützpunkt aus vorsichtig geschüttelt wird. Führt dies nicht zum Erfolg, so wird der eine Draht mit einer über ihn geworfenen Fangleine von dem andern getrennt. Bei Dachlinien bleibt häufig nichts anderes übrig, als die eine Leitung loszubinden, herunterzulassen und zu bewegen, bis sich die Drähte entschlingen. Darauf wird der Durchhang neu geregelt.

### γ) von Erdschlüssen

Erdschlüsse entstehen gewöhnlich nur bei Drahtbrüchen, wobei der Draht Berührung mit der Erde oder dem geerdeten Anker erhält.

### δ) von Nebenschlüssen

Nebenschlüsse können durch Äste und Drachenschwänze verursacht werden, die die Leitungen untereinander oder mit der Erde verbinden. Sie werden mit einer Stange beseitigt, an die zur Entfernung der Drachenschwänze ein scharfes Taschenmesser gebunden wird. Gelingt die Beseitigung dieser Fremdkörper hiermit nicht, so wird versucht, sie durch vorsichtiges Rütteln an den Drähten oder durch Überwerfen einer Fangleine herauszubringen. Bleibt auch dies erfolglos, so müssen die Drähte heruntergelassen werden.

## 4. Kabel

### a) Schäden

Die Kabel können gewaltsamen Eingriffen oder chemischen oder elektrischen Einflüssen ausgesetzt sein. Ferner können sich nach der Auslegung Werk- oder Lötfehler bemerkbar machen.

## α) *Gewaltsame Beschädigungen*

Die Kabelschutzhüllen können bei Unvorsichtigkeit durch Spitzhacke, Erdbohrer, Gasdorn, Messer oder Spaten beschädigt werden, so daß Feuchtigkeit ins Innere dringen kann. Hierbei werden oft die Kabeladern selbst zerstort. Röhrenkabel und ihre Lötstellen können bei unvorsichtigem Arbeiten in den Kabelschächten beschädigt werden. Es entstehen Risse im Bleimantel und Brüche in den Lötwulsten, so daß die Papierisolation der Adern durchnäßt wird. Auch bei Erschütterungen durch starken Fuhrwerksverkehr treten diese Fehler auf. Ratten fressen die Bleihullen der unbewehrten Kabel an. Eis kann in undichten Schutz- oder Hochführungsrohren den Bleimantel sprengen. Kurzschluß in benachbarten Starkstromkabeln vermag Brandschäden hervorzurufen.

Bodenbewegungen können die verwürgten Adern in den Lötstellen auseinanderreißen.

Flußkabel werden durch Bloßliegen im flachen Wasser gefährdet, durch schleppende Anker oder durch Druck von Schiffsfahrzeugen oder durch Eisschollen beschädigt, auf steinigem Grund auch durch stetige Bewegung durchgescheuert.

## β) *Chemische Einflüsse*

Unter chemischen Einflüssen leiden Papier- und Faserstoffkabel weniger, da sie durch den Bleimantel geschutzt sind.

## γ) *Zerfressungsschäden*

Stärker sind die Zerfressungsschäden, die im Bereich elektrischer Gleichstrombahnen auftreten. Die aus den Schienenrückleitungen abirrenden und von den Kabelhüllen unterwegs aufgenommenen Streuströme positiver Richtung zerstören bei ihrem Austritt in das umgebende Erdreich Bleimantel und Bewehrungsdrähte. Dazu kommen dann, je nach der Beschaffenheit des Bodens und seinem Gehalt an Salzen und organischen Beimengen, mehr oder minder heftige Einflüsse, wenn sich durch die Elektrolyse freies Chlor oder starke Säuren bilden. Diese Folgen (Korrosion) sind an dem narbenähnlichen Aussehen der Bleimanteloberfläche kenntlich. Oft sind die Narben zu kleinen Löchern vertieft. Die Schutzdrähte scheinen wie vom Rost zerfressen. Meist sind sie außerdem von einer schmierigen Graphitschicht überzogen, die von ausgeschiedener Kohle herrührt.

Ähnliche Schäden werden zuweilen durch Irrströme aus schadhaften Starkstromkabeln verursacht. Diese zeigen sich namentlich bei den an feuchten Wänden befestigten Einführungskabeln.

## b) Fehler

Kabelfehler machen sich im Betrieb meist als Nebenschluß, seltener als Unterbrechung des Stromwegs oder als Berührung mehrerer Adern bemerkbar.

## c) Fehlermessungen

Wenn bei einer Kabelstörung Art und Lage des Fehlers nicht ohne weiteres erkennbar ist, muß eine Fehlerortsbestimmung erfolgen. Bei

Röhrenkabeln kann sich diese auf die Ermittlung des Kabelschachts beschränken, in oder bei dem der Fehler zu suchen ist. Bei Erdkabeln wird zunächst festgestellt, zwischen welchen Lötstellen der Fehler liegt, und dann durch eine Messung zwischen beiden Lötstellen die örtliche Lage des Fehlers genau bestimmt. Im allgemeinen genügen die Messungen von einem Kabelende aus. Handelt es sich jedoch um Kabel mit mangelhafter Isolation oder um Fehler mit sehr hohem Übergangswiderstand, oder liegt das Kabel unter einer kostspieligen Straßendecke oder unter einer hohen Aufschüttung, so muß eine Gegenmessung vom andern Kabelende erfolgen.

Wegen der Fehlerortsbestimmungen s. unter $\delta$ usw. auf S. 88 ff

#### d) Beseitigung der Schäden

##### $\alpha$) *Bei Röhren- und Erdkabeln*

Röhrenkabel mit einem Fehler zwischen zwei Schächten müssen ausgewechselt werden. Das Herziehen des Kabels aus einem Kanal, der noch mehrere Kabel aufnimmt, ist in der Regel jedoch nur möglich, wenn es sich zu oberst im Rohr befindet. Andernfalls wird besser gewartet, bis aus anderer Veranlassung ein Teil der Kabel aus dem Rohrstrang entfernt werden muß. Ist dies jedoch in absehbarer Zeit nicht zu erwarten oder kann ein fehlerfreies Kabel nicht nachgezogen werden, so kann die Fehlerstelle auch durch Aufgraben und Zerschlagen des Kanals erreicht werden.

Erdkabel werden an der Stelle aufgegraben, die sich aus den Messungen ergeben hat.

Das herausgezogene Röhren- oder aufgegrabene Erdkabel wird genau besichtigt, um die genaue Lage der Fehlerstelle zu ermitteln. Ist diese nicht klar zu erkennen, so wird — bei Erdkabeln nach weiterem Aufgraben und nötigenfalls nach Beseitigung der Bewehrungsdrähte — der Bleimantel vorsichtig angeschnitten und der Fehler weiter eingegrenzt bis der Fehlerort einwandfrei festgestellt ist.

In den meisten Fällen ist das Kabel infolge eines Bleimantelschadens feucht geworden. Die nassen Adern werden durch Öffnen der Lötmuffe bzw. vorsichtiges Abschälen des Bleimantels freigelegt, auseinandergebogen und über einem Ofen mit entsprechender Vorrichtung solange getrocknet, bis sie ihren Isolationswert wieder erlangt haben. Bereits mit Grünspan behaftete Adern müssen durch eingesetzte Adernstücke ersetzt werden, weil sie durch diese Trocknung eine genügende Isolation nicht wiedererlangen.

Weniger treten Unterbrechungen in den Adern auf. In solchen Fällen handelt es sich gewöhnlich auch nur um einzelne Adern. Nach Öffnen der Muffe oder des Bleimantels wird versucht, die unterbrochenen Adern durch Beiseitedrücken der darüber befindlichen zu erfassen und durch Zwischensetzen eines kurzen Drahtstücks wiederinstandzusetzen. Ist dies aber nicht möglich, ohne die andern Adern zu beschädigen, so wird das Kabel vollständig geschnitten und ein neues Kabelstück eingesetzt.

Sämtliche Kabelarbeiten werden unter einem Lötzelt vorgenommen. Nach Beendigung der Arbeiten wird die Muffe bzw. der Kabelmantel wieder geschlossen und verlötet (s. Bau von Fernmeldeanlagen, Teil 2)[1]).

### β) Bei Flußkabeln

Bei Flußkabeln wird die schadhafte Stelle durch Heben des an beiden Ufern freigelegten Kabels ermittelt. Hierzu kann ein Nachen benutzt werden, mit dem das Kabel unterfahren wird. Bei der Frage, ob das Kabel instandgesetzt oder ausgewechselt werden muß, spielt die Wirtschaftlichkeit eine Rolle. Außerdem muß geprüft werden, ob die Widerstandskraft des Kabels nach Einfügung des Ersatzstücks mit den beiden Lötmuffen noch den Ansprüchen gewachsen bleibt. Für die Instandsetzung des Kabels wird, sofern es der Verkehr und die örtlichen Verhältnisse zulassen, wie bei den Röhren- und Erdkabeln verfahren.

### 5. Luftkabel
#### a) Gewöhnlich

Fehler in Luftkabeln rühren gewöhnlich von schadhaften Bleimänteln her und werden durch Austrocknen der feuchten Stelle und Verlöten des Bleimantels bzw. der Muffe beseitigt. Unterbrechungen einzelner Adern werden wie bei anderen Kabeln behandelt. Ist das Kabel gerissen, so wird ein Ersatzstück eingefügt.

Diese Arbeiten werden von einem Gerüst aus getan, wenn es unter der schadhaften Stelle aufgestellt werden kann. Das Kabel wird zu beiden Seiten dieser Stelle aus den Trageringen herausgenommen und in einer Vorrichtung festgelegt. Läßt sich ein Gerüst nicht aufstellen, so muß das Kabel mit dem Tragseil bis auf den Erdboden heruntergenommen werden. Das Tragseil wird an seinen Schellen, die geöffnet werden müssen, mit Farbstrichen bezeichnet, damit es beim Aufbringen gleich wieder seine richtige Spannung erhält. Zunächst werden die Schellen an den beiden Masten gelöst, zwischen denen die Fehlerstelle liegt, und das Seil mit dem Kabel an Flaschenzügen vorsichtig herabgelassen. Darauf werden nötigenfalls auch die Schellen der beiden anschließenden Maste geöffnet usf. Die Sicherheitsverbindungen in den Winkelpunkten werden sitzen gelassen, damit das Seil mit ihnen am Mast heruntergleiten kann.

Beim Wiederaufbringen des Seils mit dem instandgesetzten Kabel wird das Seil mit seiner gekennzeichneten Stelle zuerst wieder am Mast festgeschellt, der in der Mitte des abgenommenen Seils liegt. Darauf kommen die Masste an die Reihe, die sich in der Mitte dieser halbierten Strecken befinden usf., bis das Seil überall aufgebracht worden ist.

Selten reißt das Luftkabel beim Umbruch mehrerer Maste. Es wird dann unter Zwischenschaltung eines Stücks wiederhergestellt und mit dem instandgesetzten Tragseil auf die neugestellten Maste gebracht.

[1]) Im selben Verlag erschienen.

## b) Selbsttragend

Die Instandsetzung von selbsttragenden Luftkabeln vollzieht sich in ähnlicher Weise; jedoch müssen die Kabel vor der Entfernung ihrer Bewehrung an der Fehlerstelle in den angrenzenden Feldern abgespannt werden. Der wieder verschlossene Bleimantel oder die eingefügte Muffe kommt in einer Verbindungsklemme (s. Bau von Fernmeldeanlagen, Teil 2)[1]) zu liegen.

---

[1]) Im selben Verlag erschienen.

# IV. Messungen

## A. Allgemeines

### 1. Arten der Messungen

Messungen können an allen Teilen einer Fernmeldeanlage vorgenommen werden müssen. Die Veranlassung kann eine Prüfung, eine Überwachung oder eine Störung sein. VDE 0800 schreibt für Signalanlagen (Klingelanlagen u. dgl.), Anlagen zur Sicherung von Leben und Sachwerten und für Fernsprechanlagen Isolationswerte vor. Die DRP fordert für private Nebenstellenanlagen die Innehaltung von Maßen für die Übersprechdämpfung und des Wirkungsgrades der Sprechstellenapparate (s. Planung und Bau von Fernmeldeanlagen)[1]). Außer den Messungen des Isolationswiderstandes und der Dämpfung werden Messungen von Spulen-, Leitungs- und Erdleitungswiderständen, Strom- und Spannungsmessungen sowie Impulsübertragungsmessungen erforderlich. Die Lage von Adernvertauschungen in Lötstellen werden durch Kapazitätsmessungen ermittelt. Die Art der zu den Messungen zu benutzenden Stromes richtet sich nach der Art des zu messenden Gegenstandes und der Messung selbst.

### 2. Meßgeräte

Die Regeln für Meßgeräte sind in VDE 0410 wiedergegeben. Die Wahl der für die Messungen geeigneten Geräte hängt von der Genauigkeit ab, die erzielt werden muß. Die Meßgeräte tragen außer dem Ursprungszeichen, der Einheit der Meßgröße, dem Stromartzeichen (— = Gleichstrom, ∼ = Wechselstrom, ⌁ = Gleich- und Wechselstrom), dem Zeichen für die Art des Meßwerks (⌂ = Drehspulmeßgerät mit Dauermagnet, ⌁ = Dreheisen-Meßgerät, Υ = Hitzdrahtmeßgerät) usw. auch ein Klassenzeichen, und zwar 0,2 und 0,5 für Feinmeßgeräte, 1,0, 1,5 und 2,5 für Betriebsmeßgeräte. Für die Instandhaltung von Fernmeldeanlagen genügen in den meisten Fällen Betriebsmeßgeräte. Dies ist von Vorteil, denn sie vertragen eine weniger sorgfältige Behandlung als die Feinmeßgeräte, deren Meßgenauigkeit im allgemeinen durch weniger gute mechanische Eigenschaften der Meßwerke erkauft werden muß.

Die Anzeigefehler der Betriebsmeßgeräte betragen bei Klasse

$$\left.\begin{array}{l} 1,0: \pm 1,0 \\ 1,5: \pm 1,5 \\ 2,5: \pm 2,5 \end{array}\right\} \begin{array}{l} \% \text{ des Unterschiedes vom angezeigten und dem} \\ \text{wahren Wert der Meßgröße in bezug auf den} \\ \text{Endwert des Meßbereichs.} \end{array}$$

---

[1]) Im selben Verlag erschienen,

Wird bei einer Messung nur der halbe Zeigerausschlag erreicht, so verdoppeln sich die Anzeigefehler hinsichtlich des Sollwerts. Beträgt der Zeigerausschlag nur ein Drittel der Skala, so sind die Anzeigefehler dreimal so groß. Die Geräte müssen daher so gewählt werden, daß für den gewünschten Meßbereich möglichst große Zeigerausschläge erzielt werden. Die Zeigerausschläge einer Messungsreihe sollten nicht unter das erste Drittel der Skala heruntergehen.

Meßgeräte müssen sorgfältig behandelt, d. h. sie dürfen keinen Stößen ausgesetzt oder gar fallen gelassen werden, sowie nicht über ihre Meßbereiche hinaus belastet werden. Sie dürfen daher nur denjenigen überlassen werden, die damit umzugehen verstehen.

Sonst bedürfen die Geräte keiner besonderen Wartung. Es empfiehlt sich lediglich, einmal im Jahr die Kontakte der Drehschalter mit einem Petroleumlappen leicht abzureiben und mit einem Hauch reiner Vaseline einzufetten.

## B. Isolationsmessungen

### 1. Allgemeines

Isolationsmessungen sind Widerstandsmessungen, und zwar wird der Widerstand zwischen einem Draht und der Erde oder einem andern Draht gemessen. Infolge der unvermeidlichen Ableitungen ist er nicht

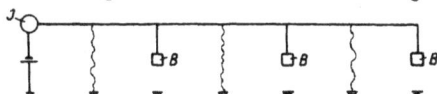

Bild 53. Ableitung einer Einzelleitung gegen Erde

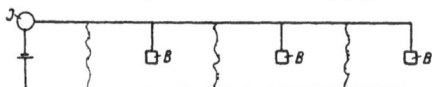

Bild 54. Ableitung zwischen den Zweigen einer Doppelleitung

unendlich, aber doch ziemlich groß, sofern kein Erd- oder Kurzschluß vorliegt. Bei jeder Isolationsmessung werden alle an die Leitung angeschlossenen Geräte einpolig abgetrennt und die Leitung selbst am fernen Ende isoliert (Bild 53 und 54).

Für Isolationsmessungen sind besondere Geräte im Gebrauch, doch können im Notfall Isolationswerte aus den Ergebnissen von Spannungsmessungen errechnet werden (s. unter $\varepsilon$ auf S. 83).

### 2. Gerät mit Kurbelinduktor[1])

Die Meßspannung wird gewöhnlich mit einem Kurbelinduktor erzeugt und beträgt 110 V. Das Gerät (Bild 55) besitzt ein Drehspul oder Kreuzfeldmeßwerk. Der Meßbereich beträgt im allgemeinen 10 M$\Omega$.

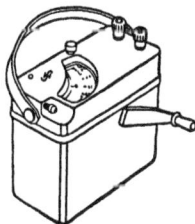

Bild 55. Isolationsmesser mit Kurbelinduktor

[1]) Taschenbuch für Fernmeldetechniker von H. W. Goetsch.

### 3, Gerät mit Batterie

Die Stelle, an der die Isolationsmessung durchgeführt werden soll, ist nicht immer leicht zugänglich. Oft müssen auch sehr viele Messungen hintereinander vorgenommen werden. Dann ist die Hand zum Kurbeln nicht mehr frei oder das Kurbeln wirkt umständlich. Für diese Fälle ist ein Isolationsmesser mit Batterie geeignet, da bei der Messung nur ein Knopf gedrückt zu werden braucht. Dieses Gerät (Bild 56) arbeitet mit 500 V Gleichstrom. Der Strom aus drei handelsüblichen, nebeneinandergeschalteten Taschenlampenbatterien von 4,5 V wird durch einen Schwingzungenunterbrecher zerhackt, durch einen Transformator auf 500 V umgespannt und dann durch den gleichen Unterbrecher hochspannungsseitig wieder gleichgerichtet (Bild 57). H sind die Antriebs-

Bild 56. Isolationsmesser mit Batterie

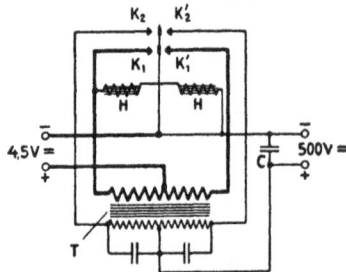

Bild 57. Schaltung des Schwingzungen Unterbrechers

magnete für die Schwingkontaktzunge. Da die Zunge gleichzeitig beim Schließen des Kontaktes $k\,1$ bzw. $k'\,1$ auch die zugeordneten Kontakte $k\,2$ bzw. $k'\,2$ auf der Hochspannungsseite schließt, wird die entstandene Wechselspannung sofort gleichgerichtet. Zur Glättung der so erzeugten hohen Gleichspannung liegt parallel zu jeder Hälfte der Hochspannungswicklung und außerdem parallel zu den 500 V-Klemmen je ein Kondensator.

Die Spannung der drei Taschenlampenbatterien, die zusammen mit 1 A, also einzeln mit je 0,35 A belastet werden, wird durch eine Glimmlampe überwacht, die in dem Hochspannungskreis liegt und beim Absinken der Spannung unter etwa 450 V erlischt, was einem Absinken der Spannung der Taschenlampenbatterien auf etwa 3,5 V entspricht. Das Gerät ist unabhängig von etwaigen Spannungsschwankungen, da es ein Kreuzspulenwerk besitzt. Durch eine geringe Vorspannung der Stromzufuhrungsbänder stellt sich der Zeiger bei Stromlosigkeit auf eine rote Marke links der Skala. Der Meßbereich beträgt $0...50\ M\Omega$. Widerstände von nur $100000\ \Omega$ können noch mit einer Spannung von etwa 130 V gemessen werden.

Vor dem Gebrauch des Geräts muß die Meßspannung geprüft werden. Hierzu ist der rote Knopf zu drücken. Leuchtet die unter dem Schauloch angebrachte Glimmlampe, so ist die Batterie in Ordnung. Der Zeiger stellt sich auf den Teilstrich ∾, weil noch keine Leitung mit Ableitung angeschlossen ist. Leuchtet die Lampe nicht oder nur mit Unterbrechungen, so muß die Batterie erneuert werden.

Die zu messende Leitung wird in das mit — bezeichnete Loch gesteckt, nachdem der dazugehörige Knopf der Klemme gedrückt worden ist. Die andere Klemme nimmt entweder den Erdungsdraht oder den zweiten Draht der Leitung auf. Zum Messen wird der rote Knopf gedrückt und der Isolationswiderstand an der Skala abgelesen.

## C. Widerstandsmessungen

### 1. Allgemeines

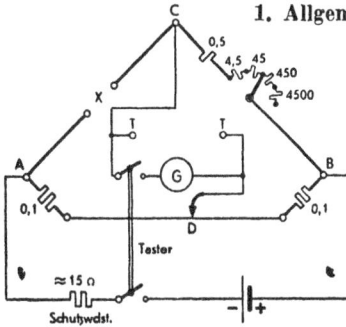

Bild 58. Wheatstonesche Brücken-schaltung

Bei Widerstandsmessungen werden Drahtwiderstande von Spulen und Leitungen sowie die Widerstände von Erdungen und Elementen ermittelt. Hierbei handelt es sich um Werte bis zu $100\,000\,\Omega$, die mit der Wheatstoneschen Brückenschaltung bestimmt werden (s. Bild 58). In Ermangelung einer solchen Schaltung können Widerstände auch nach den Ergebnissen von Spannungsmessungen berechnet werden (s. unter $\varepsilon$ auf S. 83).

### 2. Gleichstrommessungen

Zur Anzeige der Stromlosigkeit in der Galvanometerdiagonale dient ein Zeigergalvanometer. In der Batteriediagonale liegt eine normale Taschenlampenbatterie von 4,5 V. Rechts oben im Gerät (Bild 59) befindet sich ein Stufenschalter für den Zweig $BC$ der Brücke (s. Bild 58). Die Teilung der Skalenscheibe gibt an, in welchem Verhältnis der zu messende Widerstand $x$ zwischen $AC$ zu dem Faktor steht, den der Stufenschalter angibt. Zur Erhöhung der Meßgenauigkeit ist nur der mittlere Teil der Brückenarme in den Meßdraht gelegt, so daß die Teilung zwischen den Werten 0,5 und 50 liegt statt 0 und ∞. Da die Vergleichswiderstände

Bild 59. Schleifdrahtmeßbrucke

zwischen $BC$ 5 mal so groß sind, wie auf dem Stufenschalter angegeben ist, steht in der Mitte der Skalenscheibe die Zahl 5.

Der zu messende Widerstand wird an die mit $X$ bezeichneten
Klemmen angeschlossen, der Stufenschalter auf den Wert eingestellt,
der schätzungsweise der Größe des zu messenden Widerstandes entspricht, und die Skalenscheibe in Mittelstellung gebracht. Nachdem
Batterie und Galvanometer durch Druck auf die Taste $G$ eingeschaltet
sind, wird die Skalenscheibe in die Richtung gedreht, in die sich der
Zeiger des Galvanometers auf den Nullstrich stellen soll. Der Zeiger
muß in der Nullstellung bleiben, auch wenn die Taste wiederholt gedrückt wird. Ist der Zeiger mit der Skalenscheibe nicht auf Null zu
bekommen, so muß die Stellung des Stufenschalters geändert werden.
Entspricht die Einstellung dem Bild 59, so ist der gemessene Widerstand $= 5,4 \cdot 100 = 540\ \Omega$.

Der Meßbereich dieses Geräts beträgt 0,05...50000 $\Omega$. Die Meßgenauigkeit hängt von der Stellung des Schleifkontakts und dem Meßbereich ab. Die Fehlergrenze ist bei den Meßbereichen .1, 10, 100
im Mittel etwa 0,5 % beim kleinsten .0,1 und beim größten .1000
etwa $\pm 2$ % vom Sollwert.

### 3. Wechselstrommessungen

#### a) Allgemeines

Zur Vermeidung von Polarisationserscheinungen kann statt mit
Gleichstrom mit Wechselstrom von Tonfrequenz gemessen werden.
Das Galvanometer wird dann durch einen Fernhörer ersetzt. Solche

Bild 60. Wechselstrommeßbrucke

Wechselstrommeßbrücken sind gewöhnlich eigene Geräte, doch können
die hierfür erforderlichen besonderen Apparate auch zusätzlich zum
Gleichstromgerät genommen werden. Zu diesem Zweck enthält das
im Bild 59 gezeigte Gleichstromgerät je zwei Buchsen zum Anschluß
des Fernhörers und des Summers (Bild 60). Das Summerkästchen wird
außerdem noch über eine zweite Schnur an die linke $X$-Klemme ange-

schlossen. Der Summer liegt dann über einen eigenen Schalter an der
Batterie, und der Kontakt der für diese Messungen nicht zu benutzenden
Taste $G$ ist überbruckt.

### b) Widerstandsmessungen an Elementen

Zwei Elemente gleicher Art werden gegeneinander geschaltet
zwischen die $X$-Klemmen gelegt, weil der Strom eines Elements den
Summer außer Tätigkeit setzen konnte. Von einer Batterie werden
$n$ Gruppen zu je 2 Elementen gemessen und aus der Summe $s$ aller
dabei gefundenen Widerstände der durchschnittliche Widerstand $s/2n$
eines Elements berechnet.

Soll der Widerstand eines einzelnen Elements genau ermittelt
werden, so werden zwei andere Elemente hierzu herangezogen und
Element 1 und 2, 1 und 3 sowie 2 und 3 gemessen. Aus den Meß-
ergebnissen $s1$, $s2$, $s3$ werden die Widerstände $x$, $y$ und $z$ jedes Elements
berechnet:

$$x = \tfrac{1}{2}(s1 + s2 - s3)\ \Omega,$$
$$y = \tfrac{1}{2}(s1 + s3 - s2)\ \Omega,$$
$$z = \tfrac{1}{2}(s2 + s3 - s1)\ \Omega.$$

### c) Widerstandsmessungen an Erdungen

#### α) *Allgemeines*

Zur Ermittlung von Erdungswiderständen müssen Hilfserdungen
herangezogen werden. Natürlich dürfen die Erder nicht miteinander
metallisch verbunden und nicht an derselben Stelle versenkt sein. Ist
ein Hilfserder nicht vorhanden, so wird ein 5 kg schwerer Ring aus
3...5 mm dickem Leitungsdraht in das Grundwasser oder feuchte Erdreich gebracht. Der Stufenschalter wird auf 10 gestellt.

#### β) *Gewöhnliche Messung*

Die zu messende Erdung $x$ wird an die linke, die Hilfserdung $y$
an die rechte $X$-Klemme angeschlossen. Beide Erdungen sind brauch-
bar, wenn der für sie vorgeschriebene Höchstwiderstand nicht erreicht
wird (s. Bau von Fernmeldeanlagen)[1]. Andernfalls muß der Widerstand
mit Hilfe einer zweiten Hilfserde genau ermittelt werden. Die Be-
rechnung erfolgt in gleicher Weise wie unter b.

#### γ) *Messung nach Wiechert und Schmidt*

Einfacher ist die Messung nach Bild 61 mit einer Hilfserde, für die
nur ein $\tfrac{1}{2}$ m tief in die feuchte Erde gesteckter Draht (Sonde) benötigt
wird.

Zunächst wird bei Stellung 1 des Schalters $U$

$$s = x + y$$

gemessen und darauf in Stellung 2 der Eckpunkt $III$ des Brücken-
vierecks in die Hilfserde $z$ verlegt. Bei Tonstille ist dann

$$10\,v = 10\,a/b.$$

---

[1] Im selben Verlag erschienen.

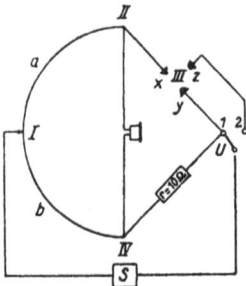

Bild 61. Wechselstrommeß-
bruckenschaltung nach
Wiechert und Schmidt

Dabei ist $a\,(10 + y) = bx$ und

$x = 10\,a/b + y\,a/b$ oder

$= 10\,v + y\,v$, wobei $v$ die an der Skalenscheibe abgelesene Zahl ist;

$y = s - x$ nach der ersten Messung

$$x = v\,\frac{10 + s}{1 + v}\,\Omega,$$

$$y = \frac{s - 10\,v}{1 + v}\,\Omega$$

(s. auch unter $\delta$ auf S. 92).

## D. Strom- und Spannungsmessungen

### 1. Allgemeines

Strommesser werden stets in einen bequem anzuschließenden Teil des zu messenden Stromkreises, Spannungsmesser stets an die zu messenden Stellen des Stromkreises gelegt. Der Widerstand des Meßgeräts muß in jenen Fällen möglichst klein sein, damit kein Strom verbraucht wird, in diesen Fällen groß genug sein, um keinen Spannungsabfall hervorzurufen. Durch den Gebrauch von Neben- bzw. Vorschaltwiderständen lassen sich verschiedene Meßbereiche schaffen. Außerdem kann ein und dasselbe Meßwerk bei entsprechender Verwendung dieser Widerstände gleichzeitig für Strom- und für Spannungsmessungen dienen. Schließlich ist es auch mit einem kleinen Trokkengleichrichter möglich, ein und dasselbe Gerät für Gleich- und für Wechselstrom zu benutzen.

### 2. Spannungsmesser bis 3 V

Zur Prüfung von Elementen genügt ein kleines Taschengerät (Bild 62). Die Spitze am Gerät wird dem Pluspol, die Spitze des Griffels mit dem Minuspol des Elements berührt. Infolge des verhältnismäßig hohen Widerstandes der Drehspule ist die angezeigte Spannung gleich der elektromotorischen Kraft $E$ des offenen Elements. Wird der neben der Anschlußschnurklemme sitzende Knopf hineingedrückt, so legt sich parallel zur Drehspule ein Widerstand von etwa 1 $\Omega$. Durch die Stromentnahme entsteht ein Spannungsabfall im Element, der seinem inneren Widerstand entspricht, und

Bild 62. Spannungs-
messer bis 3 V

das Gerät zeigt die Klemmenspannung $U$ an. Aus beiden Werten kann der Widerstand dss Elements errechnet werden:

$$Ri = R\left(\frac{E}{U} - 1\right),$$

wobei $R$ der Widerstand des Geräts ist.

Beispiel: $E = 1{,}3$ V, $U = 0{,}8$ V, $Ri = 1\left(\frac{1{,}3}{0{,}8} - 1\right) = 1{,}625 - 1$
$= 0{,}625\ \Omega$.

### 3. Strom- und Spannungsmesser für —- und ∿ - Strom

#### a) Beschreibung

Das Gerät (Bild 63) benutzt ein Kreuzspulmeßwerk, dessen Zeiger durch zwei Spiralfedern in der Nullage gehalten wird und sich bei Drehung infolge der im Aluminiumrähmchen der Drehspule erzeugten Wirbelströme schwingungsfrei einstellt.

Die verschiedenen Strommeßbereiche erstrecken sich bis 6 A, die Spannungs-meßbereiche bis 600 V und können mit einem Stufenschalter eingestellt werden.

**Zahlentafel 5.** Meßbereiche des Multavi II
von II & B.

| A | Eigenwiderstand Ohm | Konstante C |
|---|---|---|
| 2 | 0,2 | 0,2 |
| 1,5 | 0,8 | 0,05 |
| 0,3 | 4 | 0,01 |
| 0,06 | 20 | 0,002 |
| 0,015 | 76 | 0,0005 |
| 0,003 | 300 | 0,0001 |
| V | | |
| 600 | 200 000 | 20 |
| 300 | 100 000 | 10 |
| 150 | 50 000 | 5 |
| 30 | 10 000 | 1 |
| 6 | 2000 | 0,2 |

Bild 63. Strom- und Span-
nungsmesser für — und ∿

Die gemessenen Werte werden bei Gleichstrom an der inneren mit — bezeichneten, bei Wechselstrom an der äußeren mit ∿ bezeichneten Skalenteilung abgelesen.

Durch einen besonderen Nebenwiderstand, der mit Laschen an die Stromklemmen gelegt wird, kann der Meßbereich auf 30 A erweitert werden. Der Drehschalter muß dann auf dem Meßbereich 0,015 A stehen.

Die Wechselstrommeßbereiche können mit Hilfe eines Strom-wandlers bis 420 A gebracht werden.

Weitere Spannungsmeßbereiche sind durch Vorschalten von 1000 $\Omega$ für je 3 V leicht herzustellen.

— 82 —

Die Fehlergrenze der Anzeige beträgt bei waagerechter Lage des Geräts bei Gleichstrom $\pm 1\,\%$, bei Wechselstrom $\pm 1,5\,\%$ vom Skalenendwert. Die Angaben werden bei Messungen mit Wechselstrom bis 500 Hz nicht beeinflußt. Bei höheren Frequenzen bis zu 2000 Hz betragen die Abweichungen höchstens $\pm 3\,\%$, bis 10000 Hz etwa $\pm 6\,\%$ vom Endwert des Meßbereichs.

### b) Messungen

#### α) *Allgemeines*

Vor jeder Messung muß der Drehschalter mit der Spitze seines Griffs auf 0 stehen. Der Kippschalter wird je nach der Art des zu messenden Stroms auf — oder ∼ gestellt. Der Draht, der mit dem

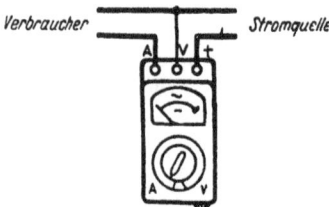

Bild 64. Anschließen eines Strom- und Spannungsmessers

Pluspol der Stromquelle Verbindung hat, kommt stets an die $+$-Klemme zu liegen. Der andere erhält bei Strommessungen Verbindung mit der $A$-Klemme, bei Spannungsmessungen Anschluß an die $V$-Klemme. Natürlich können auch die Anschlüsse für Strom- und Spannungsmessungen gleichzeitig erfolgen (Bild 64).

Bei allen Messungen muß zunächst der größere Meßbereich eingeschaltet werden, damit das Gerät keinen Schaden erleidet. Erst wenn die Anzeige ergibt, daß der Meßwert unter dem Endwert des nächstkleineren Meßbereichs liegt, darf auf diesen übergegangen werden.

#### β) *Strommessungen*

Bei Strommessungen wird der Drehschalter von der 0-Stellung auf den Meßbereich 6 A mit der Konstanten 0,2 gebracht (s. Zahlentafel 5 auf S. 81). Geht der Zeiger beispielsweise auf den Teilstrich 5, so entspricht das einer Stromstärke von 1 A. Der Schalter kann also zur größeren Meßgenauigkeit auf den Bereich 1,5 A gedreht werden. Hierbei ändert sich der Widerstand des Geräts (s. Zahlentafel 5 auf S. 81) und damit auch die Stromstärke. Dauerbelastungen mit 6 A dürfen nicht über 30 min ausgedehnt werden, weil sich das Gerät hierbei erwarmt.

#### γ) *Spannungsmessungen*

Bei Spannungsmessungen wird der Schalter von 0 auf 600 V gedreht und bei zu kleinem Zeigerausschlag auf den nächsten niedrigeren Meßbereich gebracht. Die Voltzahl ergibt sich durch Vervielfältigung des angezeigten Wertes mit der entsprechenden Konstanten der Zahlentafel 5 auf S. 81.

δ) *Strom- und Spannungsmessungen*

Strom- und Spannungsmessungen können bei der Schaltung nach Bild 64 schnell hintereinander ausgeführt werden. Beim Übergang des Drehschalters von den Strom- auf die Spannungsmeßbereiche tritt keine Unterbrechung ein, da die + = und $A$-Klemmen in diesem Zustande kurzgeschlossen sind.

ε) *Widerstands- und Isolationsmessungen*

Wie beim Elementprüfer (s. unter 2 auf S. 80) können auch mit dem vorbeschriebenen Gerät durch Spannungsmessungen Widerstände berechnet werden. Bild 65 gibt eine Widerstandsmessung,

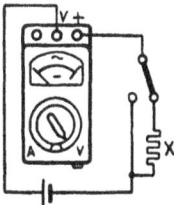

Bild 65. Ermitteln eines Widerstandes durch Spannungsmessungen

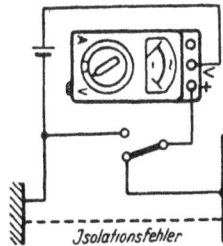

Bild 66. Ermitteln eines Isolationswiderstandes durch Spannungsmessungen

Bild 66 eine Isolationsmessung wieder. Zunächst wird die Spannung der Stromquelle gemessen (Ergebnis = $A$) und darauf der zu messende Widerstand $x$ bzw. der Isolationsfehler mit der Batterie in Reihe an das Gerät gelegt (Meßergebnis = $a$). Dann ist

$$x \text{ bzw. der Isolationsfehler} = K\left(\frac{A}{a} - 1\right).$$

$K$ ist bei Spannungsmeßbereichen von

$$\begin{aligned}
6\ V &= 2000 \\
30\ V &= 10000 \\
150\ V &= 50000 \\
300\ V &= 100000
\end{aligned}$$

# E. Kabelmessungen

## 1. Allgemeines

Messungen an Außenkabeln können zur Feststellung des Isolations- und Leitungswiderstandes mit den vorher beschriebenen Geräten vorgenommen werden. Die Bestimmung der örtlichen Lage von Nebenschlüssen und Unterbrechungen erfordert jedoch besondere Vorkenntnisse und Geräte, die für die Herstellung der vielen Meßschaltungen

6*

mit besonderen Anschlüssen ausgerüstet sein müßten. Daher werden die für Kabelmessungen erforderlichen Apparate in einem Gerät so zusammengefaßt, daß der Gebrauch so einfach wie möglich wird.

## 2. Kabelmeßkoffer

### a) Beschreibung

Der im Bild 67 wiedergegebene Kabelmeßkoffer enthält in seinem linken Teil das Schaltbrett mit der Schleifdrahtmeßbrücke. Das Kästchen rechts oben nimmt 2 Batterien, die aus je 2 nebeneinander

Bild 67. Kabelmeßkoffer

geschalteten Taschenlampenbatterien zu 4,5 V bestehen, und einen Summer auf. Die eine Batterie ist die kleine Meßbatterie und speist gleichzeitig den Summer, die andere dient für die Lichtmarke des Galvanometers. Außer der kleinen Batterie ist eine große zu 75...100 V erforderlich, die zusätzlich ist und an die oberen rechten Klemmen — und + angeschlossen wird. Sie kann aus einer Anodenbatterie bestehen. Unterhalb des Kästchens befindet sich das Lichtmarken-galvanometer.

Die Maßschaltungen werden durch einen 10stufigen Meßumschalter *M* (rechts neben dem Skalenfenster im Schaltbrett) hergestellt, und zwar

Isolation,
einadrige Unterbrechung bzw. Nebenschluß,
alladrige Unterbrechung (2 Schaltungen),
alladriger Nebenschluß,
Erdwiderstand,
Widerstand (4 Schaltungen).

Die Stellung des Meßumschalters ist im Skalenfenster zu erkennen. Der Batterieschalter $B$ (links unten) hat 3 Stellungen: Gr. Batterie, Aus, Kl. Batterie.

Die Meßbrücke hat als veränderliche Brückenarme einen Wendeldraht von 102 $\Omega$ und 55 cm Länge. Der auf ihm schleifende Kontakt kann mit dem Abgleichknopf $A$ (links vom Skalenfenster) verschoben werden. Die Skala hat drei geeichte Teilungen: eine für einadrige Unterbrechung und Nebenschluß sowie Erdwiderstand, eine für Widerstand und alladrige Unterbrechung und eine für alladrigen Nebenschluß, von denen infolge einer mit dem Meßumschalter $M$ gekuppelten Blende immer nur diejenige sichtbar bleibt, die der vorzunehmenden Messung entspricht.

Das Lichtmarken-Galvanometer hat eine niedrig- und eine hochohmige Drehspule. Die niedrigohmige ($\approx 20\ \Omega$) dient für Brücken-, die hochohmige ($\approx 2200\ \Omega$) für Isolationsmessungen. Das Galvanometer besitzt 2 Skalen (Bild 68). Die obere ist linear und wird

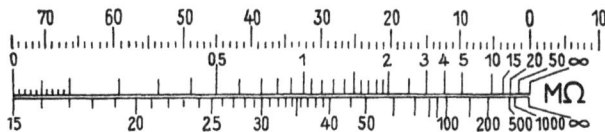

Bild 68. Skala des Lichtmarkengalvanometers

für Brückenmessungen und alladrigen Nebenschluß, die untere für Isolationsmessungen (0...50 M$\Omega$; 15...1000 M$\Omega$) benutzt. Die für die Lichtmarke benötigte Lampe sitzt in einer mit einem Knopf verstellbaren Fassung (oberhalb der Skala). Rechts vom Lampenknopf befindet sich ein Schalter, mit dem durch Drehen die Lichtmarke eingeschaltet werden kann. Beim Schließen des Kofferdeckels unterbricht er den Stromkreis für den Summer und die kleine Batterie. Dann sind auch die beiden Galvanometerspulen kurzgeschlossen und gegen Stoß geschützt. Der Drehschalter $G$ (unterhalb der Skala) stellt die Brückenschaltung in 3 Empfindlichkeitsstufen (grob, mittel, fein) und die Isolationsmeßschaltung in 2 Meßbereichen (0...50 M$\Omega$; 15... 1000 M$\Omega$) her. Bei Benutzung des kleinen Meßbereichs und der großen Batterie ist das Galvanometer unterbrochen.

Der Hilfsregler $H$ (links oben) hat je einen Knopf für Grob- und Feinregelung und dient zum Phasenabgleich bei Kapazitätsmessungen und als Stromregler bei alladrigem Nebenschluß.

Der Schalter $JS$ hat 3 Stellungen: Isolation eichen, Aus, Summer. In der ersten Stellung sind die Klemmen $X_1$ und $X_2$ (am linken Rande der Schaltplatte) kurzgeschlossen, und die Lichtmarke kann bei der jeweiligen Batteriespannung durch Drehen des Knopfes $J$ (rechts oben) auf den Strich 0 bzw. 15 der unteren Galvanometerskala gebracht werden. In der dritten Stellung ist der Summer eingeschaltet. Er ist aus seiner versenkten Fassung leicht herauszuziehen und kann nach Abnahme der zylindrischen Kappe mit einer Rändelschraube nachgestellt werden.

Die Buchse „Schirm" (links oben) dient zum Anschluß des Schirmes der Meßleitung bei Unterbrechungsmessungen.

Die Buchsen „Hörer" sind zum Anstecken eines Fernhörers vorgesehen.

Die Klemmen $X1$, $X2$, $H$ und $E$ nehmen die Meßdrähte auf.

### b) Messungen

#### α) *Allgemeines*

Die Messung eines fehlerhaften Kabels beginnt stets mit der Prüfung der Isolation. Hat eine Ader Nebenschluß, so wird sie mit einer möglichst hochisolierten anderen Ader zur Schleife verbunden und deren Widerstand gemessen, der der Kabellänge entsprechen muß. Hierauf folgt die eigentliche Fehlerortsmessung.

Bei einer Unterbrechung fällt die Widerstandsmessung weg. Es muß aber durch Isolationsmessung sorgfältig festgestellt werden, ob die Kabelschleife an keiner Stelle Erdschluß hat, weil sonst die Messung falsch ausfallen würde. Ein schwacher Nebenschluß von etwa 1 M$\Omega$ beeinträchtigt die Messung nur insofern, als das Tonminimum unscharf wird.

Die erforderlichen Schaltungen können in schneller Folge durch Drehen des Meßumschalters $M$ hergestellt werden.

#### β) *Isolation*

Der Isolationswiderstand wird durch Messung des Ableitungsstroms bestimmt (Bild 69). Das Galvanometer ist für eine feste Meß-

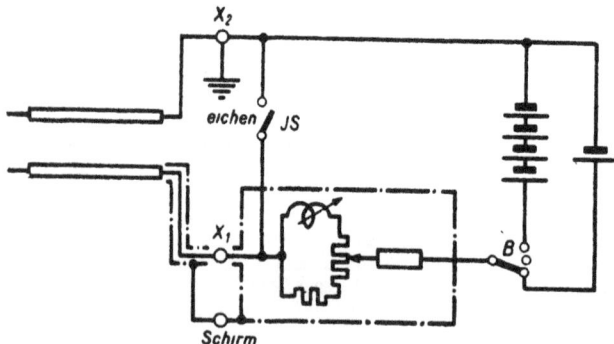

Bild 69. Schaltung bei Isolationsmessung

spannung unmittelbar in M$\Omega$ geeicht. Ein Rückgang der Meßspannung kann durch Verändern der Galvanometerempfindlichkeit mittels des Drehknopfes $J$ ausgeglichen werden.

Anschließen: Die zu messende Ader wird an die Klemme $X1$ gelegt.

An $X2$ kommt die Meßerde bzw. die Gegenader.

Schalten: *M* auf „Isolation". *B* entsprechend dem gewählten Meßbereich des Galvanometers auf „Kl. oder Gr. Batterie".

Eichen: *JS* auf „Isolation eichen" stellen. *G* mit *J* auf 0 bzw. 15 M$\Omega$
einregeln.

Messen: *JS* auf „Aus" stellen. *G* zeigt den Isolationswiderstand
in M$\Omega$ an. Bei langen Kabeln ist der Isolationswert erst abzu-
lesen, wenn die Ablenkung nach Beendigung der Aufladung
nicht mehr sinkt.

Meßbereich: ...1000 M$\Omega$.

### $\gamma$) *Widerstand*

Bei der Widerstandsmessung (Bild 70) wird der Meßdraht durch
den Schleifkontakt *A* in die Bruckenarme geteilt, deren Verhaltnis
im Skalenfenster an der Widerstandsteilung abgelesen wird. Der
mittlere Teil des Meßdrahtes, auf dem die Ablesung am genauesten ist,
trägt schwarze, die ubrigen Teile rote Zahlen.

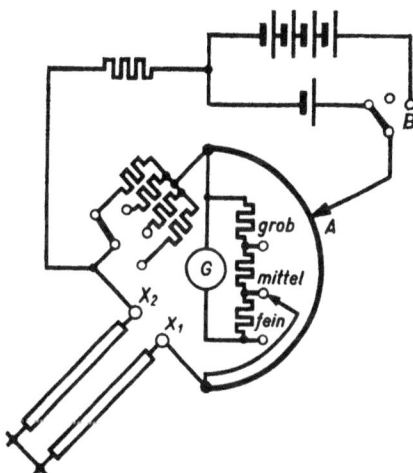

Bild 70. Schaltung bei Widerstandsmessung

Anschließen: Die beiden Kabeladern werden an die Klemmen *X* 1
und *X* 2 gelegt.

Schalten: *M* auf „Widerstand × 1, × 10, × 100 oder × 1000".
*B* auf Kl., bei etwa 1000 $\Omega$ auf Gr. Batterie. *G* zunächst auf
grob, mit fortschreitender Abgleichung (s. unter Messen), auf
mittel und fein.

Messen: *G* durch Drehen des Knopfes *A* im Sinne der gewünschten
Zeigerbewegung auf Null abgleichen. Widerstand = Ablesung

· 1 (10, 100, 1000). Die Ablesung erfolgt an der schwarzen bzw. roten Teilung.

Meßbereich: 0,03…400000 $\Omega$.

### δ) Einadriger Nebenschluß

Ist im Kabel noch eine gute Ader vorhanden, wird die Erdfehlerschleifenschaltung nach Murray angewandt (Bild 71), bei der die Meßerde und der Widerstand der Fehlerstelle, der meist sehr groß

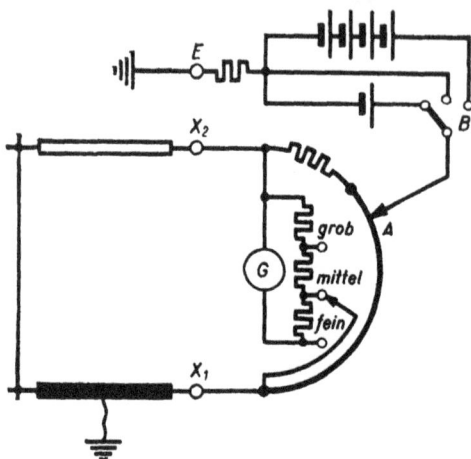

Bild 71 Schaltung nach Murray zur Fehlerortsbestimmung bei einadrigem Nebenschluß (Erdfehlerschleifenmessung)

ist und sich unter dem Einfluß des Meßstroms und anderer Ursachen fast dauernd ändert, in den Batteriezweig der Brückenschaltung gelegt ist, wo sie das Abgleichen nicht stören.

Anschließen: Die fehlerhafte Ader kommt an X 1, die gute an X 2 zu liegen.

Schalten: M auf „Einadriger Nebenschluß", B zunächst auf Kl., nach Bedarf auf Gr. Batterie. G zunächst auf grob, mit fortschreitender Abgleichung auf mittel und fein.

Messen: G durch Drehen des Knopfes A im Sinne der gewünschten Zeigerbewegung auf Null abgleichen.

$$x = \text{Ablesung} \cdot \text{Kabellänge.}$$

Bei großer Kabellänge können kurze Zuleitungen unberücksichtigt bleiben. Andernfalls werden sie, sofern sie gleiche Drahtstärke wie die Meßadern haben, der Kabellänge zugezählt und von x abgezogen. Weichen die Drahtstärken voneinander ab, so müssen sie auf wirksame

Länge von gleicher Drahtstärke umgerechnet werden. Hierbei ist der Umrechnungsfaktor das umgekehrte Verhältnis des Durchmesserquadrats.

Beispiel: Kabellänge 820 m, Kabeladern 0,6 mm. Zuleitung 10 m, Ader 0,8 mm.

$$\text{Wirksame Länge} = 10 \cdot \frac{36}{64} = 5,6 \text{ m } 0,6 \text{ mm.}$$

Betrug die Ablesung 0,342, so ist $x = 0{,}342 \cdot (820 + 5{,}6) - 5{,}6$ = 276,8 m.

Hat das Kabel Strecken abweichender Drahtstärke, so müssen diese in gleicher Weise umgerechnet werden.

Statt der Länge kann auch der Widerstand eingesetzt werden, wobei $x$ dann ebenfalls in $\Omega$ erscheint.

### ε) Einadrige Unterbrechung

Die unterbrochene Ader wird am Kabelende mit einer guten zu einer Meßschleife verbunden. Maßgebend für die Messung sind die kapazitiven Blindwiderstände dieser Adern.

Anschließen: Da die Blindwiderstände der Kabeladern den Längen umgekehrt verhältnisgleich sind, also umgekehrt wie beim Leitungswiderstand, muß die Fehlerader an $X\,2$ gelegt werden.

Die Messungen werden mit ∼ oder — ausgeführt, und zwar:
∼ bei unbespulten Kabeln ...5 km und Freileitungen ...30 km Länge,
— bei bespulten Kabeln, bei unbespulten Kabeln von > 5 km und Freileitungen von > 30 km Länge.

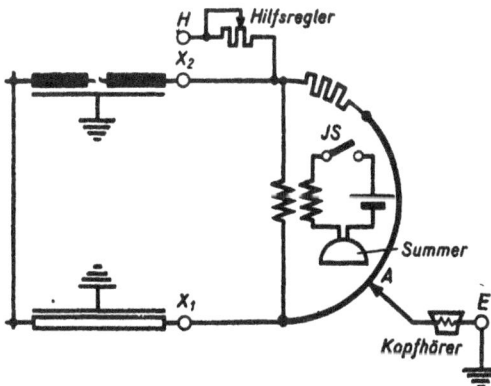

Bild 72. Schaltung zur Fehlerortsbestimmung bei einadriger Unterbrechung mit ∼

∼-Messung (Bild 72):
Der Stecker des Fernhörers ist in die Buchsen „Horer" zu stecken.

Schalten: *M* auf „Einadrige Unterbrechung". *JS* auf „Summer".

Messen: Mit *A* abgleichen bis Tonstille im Hörer eintritt. Bleibt ein Restton nach, so ist die unterbrochene Ader von *X* 2 auf *H* umzulegen und mit dem Hilfsregler nachzuregeln.

—-Messung (Bild 73):

Schalten: *M* auf „Einadrige Unterbrechung". *B* auf „Gr. Batterie".

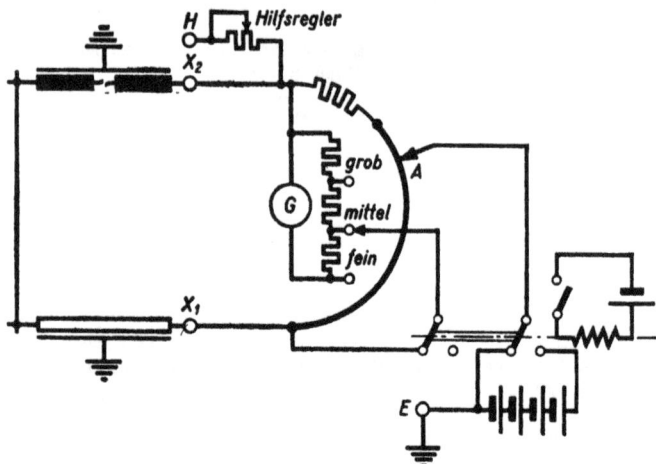

Bild 73. Schaltung zur Fehlerortsbestimmung bei einadriger Unterbrechung mit

Messen: *T* wiederholt kurz drücken und mit *A* abgleichen bis Lichtmarke des Galvanometers in der oberen Skala auf 0 steht.

Bei beiden Arten von Messungen ist

$$x = \text{Ablesung} \cdot \text{Kabellänge}.$$

Hat die Meßschleife aus unpaarigen Kabeladern gebildet werden müssen, und ist ihre Kapazität daher verschieden, so muß vom andern Kabelende aus eine Gegenmessung erfolgen. Ist die Ablesung der ersten Messung *a* 1, die der zweiten *a* 2, so ist

$$x = \text{Kabellänge} \cdot \frac{a1}{a1 + a2}.$$

*ζ) Alladrige Unterbrechung.*

Die Kapazität zweier unterbrochener Adern wird mit bekannten Kapazitäten der Meßeinrichtung verglichen. Es sind 2 Meßbereiche vorgesehen. Die Messungen erfolgen wie bei einadriger Unterbrechung (s. unter *ε*) mit ∼ oder — (Bild 74a und b).

a) mit ~

b) mit —

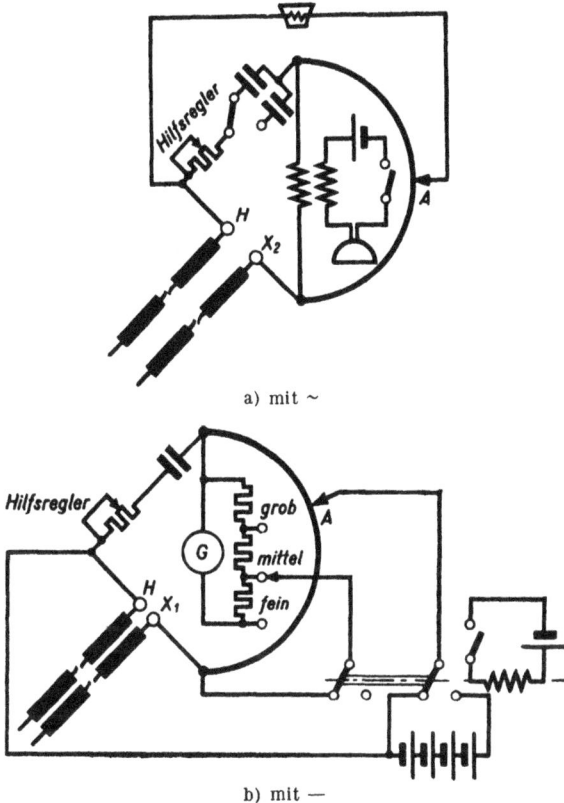

Bild 74. Schaltung zur Fehlerortsbestimmung bei alladriger Unterbrechung

### η) Alladriger Nebenschluß

Der Messung alladriger Nebenschlüsse (Bild 75) liegt eine Stromverzweigung besonderer Art zugrunde. In zwei Adern wird Strom
geleitet, von dem ein Teil über den Nebenschlußwiderstand in die zum
Messen benutzten Adern fließt und sich in diesen nach beiden Seiten
im umgekehrten Verhältnis der Widerstände verzweigt. Der eine
Zweigstrom fließt durch das Galvanometer $G$ des Meßgeräts, der andere
durch einen besonderen Strommesser $AN$, der in seinen elektrischen
Eigenschaften dem ersten Galvanometer angepaßt ist und am fernen
Kabelende eingeschaltet wird. Dem Galvanometer $G$ liegt der Meßdraht parallel, dessen Schleifkontakt durch den Drehknopf $A$ so eingestellt wird, daß beide Galvanometer gleiche Ablenkung zeigen.

Anschließen: $a$-Adern der Meßpaare an $X1$ und $X2$, $b$-Adern an
$E$ und $H$.

Schalten: $M$ auf „Alladriger Nebenschluß". Die Einstellung von $B$
und $G$ ist so zu wählen, daß die Ablenkung von $G$ möglichst

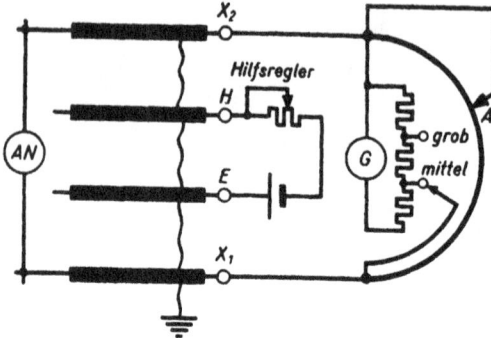

Bild 75. Schaltung zur Fehlerortsbestimmung bei alladrigem Nebenschluß

groß ist: $B$ auf „Kl. oder Gr. Batterie", $G$ und $AN$ auf grob oder
mittel.

Messen: Mit Knopf $A$ regeln, bis beide Galvanometer gleiche Ablenkung zeigen. Dann ist

$$x = \text{Ablesung} \cdot \text{Kabellänge}.$$

### $\vartheta$) Erdung

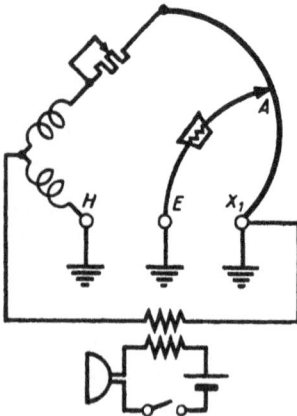

Bild 76. Schaltung bei Erdungs-
widerstandsmessung

Zur Messung des Erdungs-
widerstandes sind, wie bei allen
Messungen dieser Art (s. unter c $\gamma$
auf S. 79) zwei weitere Erder
(Hilfserder und Sonde) im Abstand
von mindestens 20 m voneinander
und von der zu messenden Erde
erforderlich. Die Hilfserdung muß
$< 1000\ \Omega$, die Sonde kann $>$
$1000\ \Omega$ besitzen. Gemessen wird
mit Wechselstrom in Brückenschaltung (Bild 76).

Anschließen: Die zu messende
Erdungsleitung kommt an
Klemme $X1$, die Hilfserdung an $E$ und die Sonde
an $H$ zu liegen. Fernhörer
an die Buchsen „Hörer".

Schalten: $M$ auf „Erdwider
stand", $JS$ auf „Summer".

Messen: Tonstille mit $A$ und $H$ regeln.

Widerstand der Erdung an $X\,1 =$ Ablesung.

Meßbereich für $x$: ...102 $\Omega$.

## F. Dämpfungsmessungen

### 1. Allgemeines

Dämpfungsmessungen werden hauptsächlich in Fernsprechnebenstellenanlagen erforderlich, für die bestimmte Werte eingehalten werden müssen (s. Planung von Fernmeldeanlagen)[1]), und sind mit 800 Hz ausreichend.

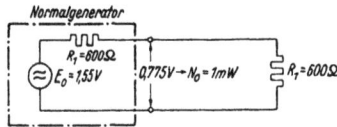

Die Betriebsdämpfung $b_{B(600)}$ eines Vierpoles bei beiderseitigem Abschluß mit 600 $\Omega$ ist laut CCIF definiert durch das Verhältnis der Normalleistung $No = 1$ mW (Bild 77) zur

Bild 77. Zur Erklärung von No

Leistung $N\,2$ (Bild 78), die vom Vierpol an seinen reellen Ausgangsabschlußwiderstand von $R\,2 = 600\ \Omega$ abgegeben wird, wenn dabei

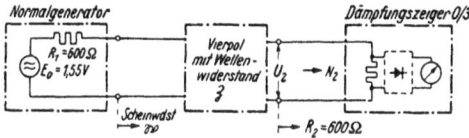

Bild 78. Messen der Betriebsdämpfung

der Vierpoleingang am Normalgenerator ($Eo = 1,55$ V und $R\,1 = 600\ \Omega$) angeschlossen ist. Es ist also

$$e\,2\,b_{B(600)} = \frac{No}{N\,2},$$

oder

$$b_{B(600)} = \frac{1}{2}\,\ln \cdot \frac{No}{N\,2},$$

$$= \ln \cdot \frac{0,775\,V}{U\,2}\ [N],$$

wobei mit $U\,2$ die an $R\,2$ herrschende Ausgangsspannung des Vierpoles bezeichnet ist.

Die Definition der Betriebsdämpfung ist also so gewählt, daß zu ihrer Bestimmung eine einzige Spannungsmessung, nämlich die Messung von $U\,2$ genügt.

Der Wellenwiderstand $\mathfrak{Z}$ des Vierpols braucht dabei nicht besonders berücksichtigt zu werden und daher auch nicht bekannt zu sein; sein Wert beeinflußt lediglich die Größe der meßbaren Spannung $U\,2$.

---

[1]) Im selben Verlag erschienen.

## 2. Normalgenerator

### a) Wirkungsweise

Der Normalgenerator (Bild 79) ist ein Rückkopplungssummer und wirkt mit einer von der Größe des äußeren Verbrauchswiderstandes unabhängigen konstanten EMK von 1,55 V und dem reellen inneren Widerstand $Ri = 600\ \Omega$. An den dem Generator angepaßten Dämpfungszeiger mit dem reellen Widerstand von 600 $\Omega$ wird eine Leistung

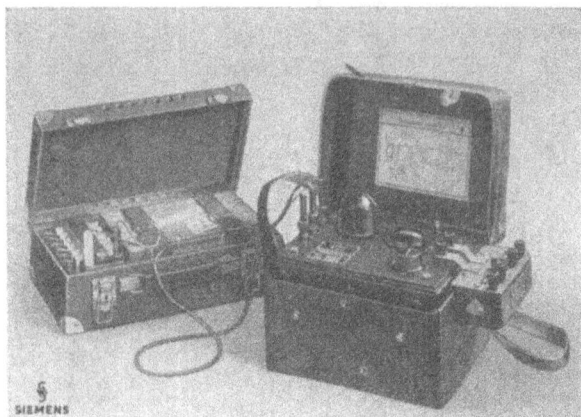

Bild 79. Normalgenerator mit Batteriekoffer

von 1 mW abgegeben. Die Klemmenspannung an dem Dämpfungszeiger beträgt dann 0,775 V. Die Werte 1 mW für die Leistung und 0,775 V für die Spannung werden mit Leistungspegel 0 bzw. Spannungspegel 0 bezeichnet.

Der Generator liefert außer dem Sendepegel 0 auch den Sendepegel $+ 1$ N ebenfalls bei $Ri = 600\ \Omega$. Hierbei ist die EMK des Generators 4,21 V sowie bei 600 $\Omega$-Abschluß seine Ausgangsspannung 2,11 V und seine Ausgangsleistung 7,39 mW.

### b) Beschreibung

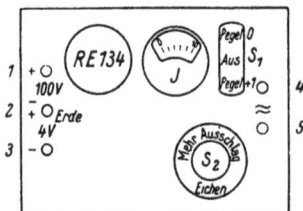

Bild 80. Schaltplatte des Normalgenerators

Der Normalgenerator (Bild 79 und 80) besitzt eine Schwingröhre $RE$ 134 und eine auf 800 Hz abgestimmte Schwingkreisschaltung, die von der Primärspule $p$ und der Kapazität $C$ 1 gebildet wird (Bild 81). Die Rückkopplung auf das Gitter der Röhre und die Ankopplung des Ausgangskreises erfolgt induktiv über die Wicklungen $r$ und $s$, die zusammen mit der Schwingkreiswicklung $p$ auf dem Übertrager untergebracht sind.

Die an der Sekundärwicklung $s$ liegende Wechselspannung $Es$ wird über die beiden Widerstände $W\,2 + W\,3 = 600\,\Omega$ und je nach

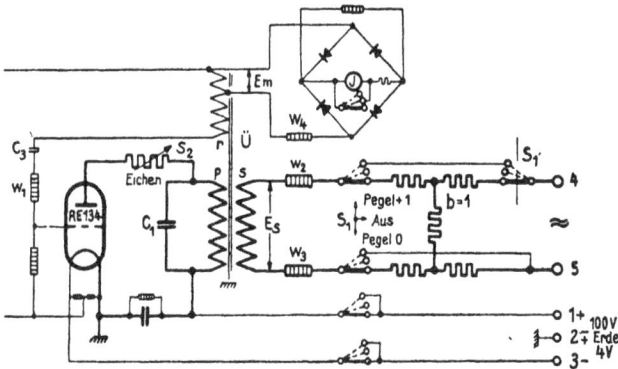

Bild 81. Schaltung des Normalgenerators

der Stellung des Schalters $S\,1$ unmittelbar (Pegel $+\,1$) oder über ein Dämpfungsglied in $H$-Schaltung mit $b = 1\,\mathrm{N}$ und $Z = 600\,\Omega$ (Pegel 0) an den Verbraucher (Klemmen 4 und 5) geführt. In der Stellung

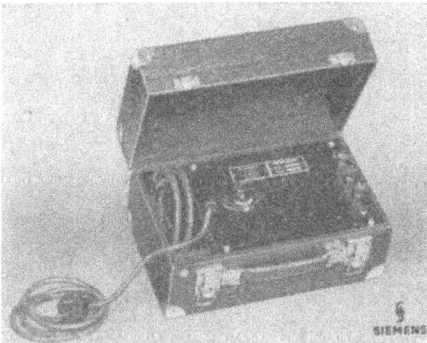

Bild 82. Netzanschlußgerät

„Pegel $+\,1$" wirkt dann der Widerstand $W\,2 + W\,3$ allein, in Stellung „Pegel 0" zusammen mit der $1\,N$-Dämpfung von $Z = 600\,\Omega$ als innerer Widerstand von $600\,\Omega$. Bei „Pegel 0" ist die wirksame EMK gleich der Leerlaufspannung $= 1{,}55$ V. Die Wechselspannung kann unabhängig von der Größe des Verbraucherwiderstandes durch Regeln des in Reihe mit dem Schwingkreis liegenden veränderbaren Widerstandes $S\,2$ stets auf $4{,}21$ V gehalten werden (Eichen) und wird im Instrument $J$ angezeigt, das über eine Gleichrichteranordnung an einem Abgriff der Rückkopplungswicklung $r$ liegt. Sein Stromkreis ist hochohmig gegenüber dem Abgriff, so daß unabhängig von der Belastung stets die der geforderten Spannung $E\,s$ entsprechende Spannung $E\,m$ gemessen wird.

Der Widerstand $W\,4$ dient zum Temperaturausgleich der Trockengleichrichter, der für eine mittlere Temperatur von $20^0$ C durchgeführt ist und für einen Bereich von $10^0 \ldots 30^0$ C gilt.

Als Stromquellen sind eine 4 V- und eine 100 V-Batterie vorgesehen, die in einem Koffer (s. Bild 79, links) untergebracht sind und an die Klemmen $1 \ldots 3$ angeschlossen werden. Steht ein 50 Hz-Wechselstromnetz zur Verfügung, so kann auch ein Netzgerät (Bild 82) verwendet werden.

Bild 83. Dämpfungszeiger

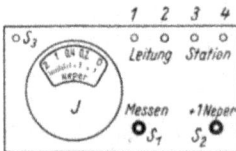

Bild 84. Schaltplatte des Dämpfungszeigers

### 3. Dämpfungszeiger

#### a) Wirkungsweise

Die Eingangsspannung wird mittels zweier Trockengleichrichter gleichgerichtet und kann unmittelbar an dem in Neper geeichten Drehspulinstrument $J$ (Bild 83 und 84) abgelesen werden.

## b) Beschreibung

Das Gerät hat zwei Meßbereiche (Bild 85).

Der erste Meßbereich ($S\,1$ in Meßstellung) beträgt 0...2 N. Der Eingangswiderstand beträgt, wie es auch für die Messung von $b_{B(600)}$ erforderlich ist, stets $R\,2 = 600\,\Omega$.

Der zweite Meßbereich ($S\,2$ in Meßstellung) wird durch Ausschalten der Vordämpfung $W$ im Meßkreis um 1 N, also auf 3 N er-

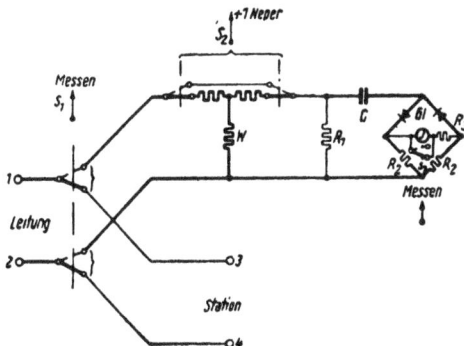

Bild 85. Schaltung des Dämpfungszeigers

höht. Hierdurch wird die Ablesegenauigkeit in dem wichtigen Meßbereich von 1...2 N wesentlich erhöht.

Eine weitere Vergrößerung des Meßbereichs auf 4 N tritt beim Umschalten des Normalgenerators von „Pegel 0" auf „Pegel + 1 N" ein.

Der Querwiderstand $R1$ verhindert bei ausgeschalteter Vordämpfung $W$, daß bei der Messung der Betriebsdämpfung von Leitungen im $W$-Betrieb die hergestellte Verbindung zusammenfällt, indem er den Gleichstromkreis zwischen der a- und b-Ader auf der Sprechstellenseite aufrechterhält.

## 4. Gebrauch

### a) Allgemeines

Am einen Ende der Leitung oder der Verbindung wird der Normalgenerator, am andern der Dämpfungszeiger angeschlossen. Zum Messen sind also zwei Personen erforderlich. Da sie räumlich voneinander getrennt sind, gebrauchen sie eine Fernsprechverbindung. Hierzu wird die zu messende Leitung und die Verbindung benutzt. Der Normalgenerator besitzt einen Schalterzusatz, der mit zwei Laschen an die Klemmen 4 und 5 (s. Bild 80) angeschlossen wird und zwei Klemmenpaare „Station" und „Leitung" trägt. Gleiche Klemmen (s. Bild 84) sind auf der Schaltplatte des Dämpfungszeigers vorhanden. Diese Klemmenpaare „Station" erhalten Verbindung mit Fernsprechapparaten, über die man sich solange verständigen kann, bis ein Meßschalter bzw. eine Taste benutzt wird.

## b) Anschließen

Die Leitung vom Amt nach der Vermittlungseinrichtung (Amts-einrichtung Wähler) wird an die Leitungsklemmen des Normalgene-

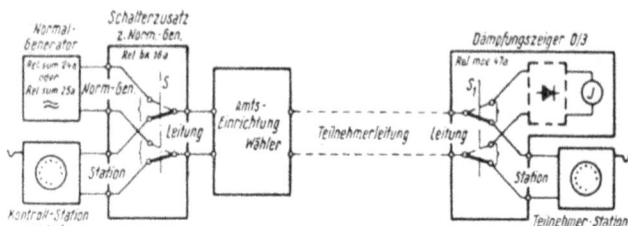

Bild 86   Gesamte Meßanordnung

ratorschalterzusatzes und die Sprechstellenleitung bei der Sprechstelle an die Leitungsklemmen des Dämpfungszeigers angeschlossen (Bild 86). Die Klemme 2 des Normalgenerators nimmt eine Erdungsleitung auf.

### c) Schalten und Messen

Nachdem eine Verständigung über den erforderlichen Sendepegel erfolgt ist, wird der Normalgenerator mit der Taste $S$ am Schalterzusatz eingeschaltet, der Kippschalter $S\,1$ in die Stellung „Pegel 0" bzw. „Pegel $+\,1$" gebracht und der Zeiger des Instruments mittels $S\,2$ auf den roten Eichstrich eingestellt. Sobald der Summerton bei der Sprechstelle ankommt, wird am Dämpfungszeiger $S\,1$ gedrückt und die Dämpfung abgelesen. Ist der Ausschlag zu klein (zwischen 1 und 2 N), so wird die Taste $S\,2$ gedrückt. Zum abgelesenen Wert muß dann 1 N hinzugezählt werden.

Die Sprechverbindung kann nach Ziehen der Tasten im Schalter-zusatz zum Normalgenerator und im Dämpfungszeiger wieder aufge-nommen werden.

## G. Übersprechdämpfungsmessungen

### 1. Allgemeines

Als Übersprechen wird das Nebensprechen zwischen zwei Doppel-leitungen in Fernsprechanlagen bezeichnet (s. unter d auf S. 63). Für seine Messung gibt es kein eigentliches Gerät. Sie ist ein Teil der Neben-sprechdämpfungsmessungen, die an Vierern vorgenommen werden:

| | | | | |
|---|---|---|---|---|
| Übersprechen | von Stamm I | auf Stamm II | (U I/II), |
| Mitsprechen | „ „ I | „ den Vierer | (M I/V), |
| Mitsprechen | „ „ II | „ „ „ | (M II/V), |
| Gegenübersprechen | „ „ I | „ Stamm II | (GU I/II), |
| Gegenmitsprechen | „ „ I | „ „ Vierer | (GM I/V), |
| Gegenmitsprechen | „ „ II | „ „ „ | (GM II/V). |

## 2. Wirkungsweise des Nebensprechdämpfungsmessers

Die Messung erfolgt durch Spannungsvergleich der wirklichen Leitung mit einer Eichleitung. Der Meßbereich des Nebensprechdämpfungsmessers (Bild 87) beträgt 7...16 N, seine Genauigkeit ± 0,02 N bis 5000 Hz.

Der Eingangswiderstand der Eichleitung ist hochohmig (etwa 40000 Ω) gegenuber dem Wellenwiderstand der Leitungen. Die Eichleitung ist so berechnet, daß die in ganzen und zehntel Stufen angegebenen Werte in $N$ dem Leerlaufzustand entsprechen.

Die Einstellung der Eichleitung wird so lange verändert, bis die Ausgangsspannung am Röhrenspannungsmesser (Bild 88) den gleichen Ausschlag wie diejenige der wirklichen Leitung ergibt. Die Umschal-

Bild 87. Nebensprechdämpfungsmesser

Bild 88. Röhrenspannungsmesser

tung von „Wirkl. Leitung" auf „Eichleitung" erfolgt durch einen Kippschalter. In seiner Ruhestellung liegen beide Leitungen parallel am Röhrenspannungsmesser, um Stöße auf das Galvanometer beim Umschalten von einer Arbeitsstellung in die andere zu vermeiden.

7*

Die einzelnen Nebensprechschaltungen werden mit einem Walzenschalter hergestellt (Bild 89).

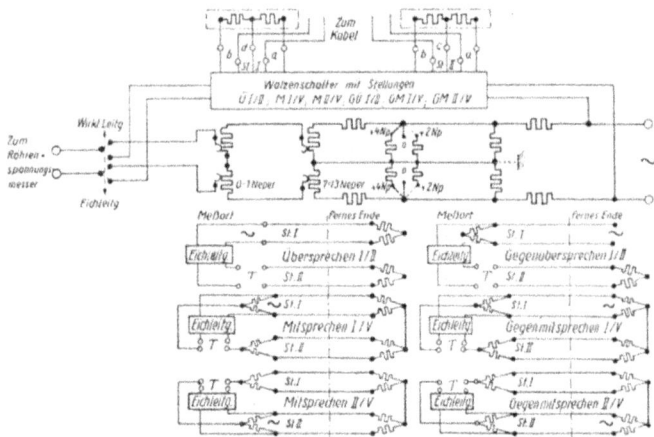

Bild 89. Schaltung des Nebensprechdämpfungsmessers

Die Zuleitungen müssen frei von magnetischer und elektrostatischer Übersprechkopplung, also abgeschirmt sein. Der Abstand der beiden Stammleitungen muß mindestens 20 cm betragen.

# H. Adernvertauschungen in Kabellötstellen

## 1. Allgemeines

Adernvertauschungen, die trotz der Prüfungen (s. Bau von Fernmeldeanlagen, Teil 2)[1]) vorkommen, verursachen in doppeladrigen Kabeln Übersprechen und sind auch bei Einzelleiterkabeln unerwünscht. Ihre Lage wird nach Fisher durch Kapazitätsmessungen ermittelt.

Die Kapazität für 1 km beträgt bei
Fernsprechkabeln mit Papierisolierung

|  |  |  |  |
|---|---|---|---|
| 0,6 und 0,8 mm = 0,055 | $\mu$F für | die | Einzelleitung, |
| 0,037 | ,, | ,, | Doppelleitung, |

Papierbaumwollkabeln

|  |  |  |  |
|---|---|---|---|
| 0,6 mm = 0,3 | ,, | ,, | ,, Einzelleitung, |
| 0,2 | ,, | ,, | ,, Doppelleitung, |

|  |  |  |  |  |
|---|---|---|---|---|
| *LP* und *LPM* | 0,6 mm = 0,25 | ,, | ,, | ,, Einzelleitung, |
| | 0,09 | ,, | ,, | ,, Doppelleitung. |

---

[1]) Im selben Verlag erschienen.

## 2. Kapazitätsmeßbrücke

a) Beschreibung

Die Meßbrücke (Bild 90) enthält die aus Glimmerkondensatoren und Widerständen bestehenden Brückenzweige, die Skala, den Meßbereichumschalter und den Phasenabgleicher. Am Gehäuse befinden sich die beiden mit $X$ bezeichneten Klemmen zum Anschluß der zu

Bild 90. Kapazitätsmeßbrucke

messenden Kabeladern, je zwei Buchsen für den Kopffernhorer und die Stromquelle sowie ein gleichzeitig als Taste ausgebildeter Schalter für den Meßstrom. Der Summerstrom von 800 Hz wird einem Zusatzgerät entnommen, das auch die erforderliche Taschenlampenbatterie (4,5 V) aufnimmt. Das Zusatzgerät wird an das Meßgehäuse angesteckt. Ein Übertrager spannt die 4,5 V auf max. 45 V um. Der Meßbereich der Brücke beträgt 20 pF (= 0,020 F) bis $10^7$ pF (= 10 F), die in 5 Gruppen durch einen Meßumschalter (rechts über dem Skalenfenster) eingestellt werden können. Der große Drehknauf unter dem Skalenfenster schleift mit seinem Arm auf eine ringförmige Widerstandsraupe $R\,2$ (Bild 91), die zur Abgleichung dient.

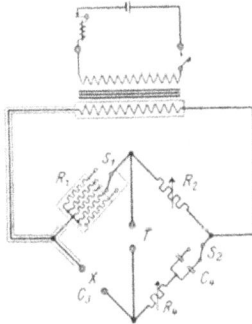

Bild 91. Schaltung der Kapazitätsmeßbrucke

Ihre Größe ist bei einem bestimmten Wert von $R\,1$ und $C\,4$ ein Maß für die zu messende Kapazität. Der Schleifarm trägt daher eine Skala mit einer gestreckten Länge von 21 cm, die mit 20...1000 beziffert ist. Die Ablesung erfolgt unter einem Faden im Skalenfenster. Der Phasenabgleichwiderstand $R\,4$ kann mit dem Drehknopf $\delta$ links über dem Skalenfenster zwecks scharfer Einstellung des Tonminimums geregelt werden.

### b) Messung

Die zu messenden Kabeladern werden an die Klemmen $X$ angeschlossen. Die Kopfhöreranschlüsse kommen in die mit $T$ bezeichneten Buchsen, der Summer wird an die Meßbrücke angesteckt und der Meßbereichumschalter auf den der Größenanordnung des Kabels entsprechenden Wert eingestellt. Die rechts der $X$-Klemmen sitzende Taste wird gedrückt und durch Linksdrehen festgelegt. Der Summerstrom ist jetzt eingeschaltet.

Der große Drehknauf wird nun so lange nach links bzw. rechts gedreht, bis der Summerton im Kopfhörer verschwindet. Läßt sich dies nicht erreichen, so ist ein anderer Meßbereich zu wählen. Ein völliges Verschwinden des Tones bzw. ein scharfes Tonminimum kann mit dem Phasenabgleicher durch Drehen des Knopfes $\delta$ unter entsprechendem Nachstellen des großen Drehknopfes erzielt werden.

Der im Skalenfenster abgelesene Wert ist mit der betreffenden Zehnerkonstante am Meßbereichumschalter zu vervielfältigen, worauf sich der Meßwert unmittelbar in Piko-Farad (pF) ergibt.

In dem Skalenbereich zwischen 200 und 1000 wird die Fehlergrenze von $\pm 1\,^0/_0$ vom Sollwert nicht überschritten. Zwischen 500 und 1000 verringert sie sich sogar etwa auf $\pm 0{,}5\,^0/_0$ vom Sollwert. Nach dem Skalenanfang hin steigt der Fehler und beträgt beim Skalenteil 100 etwa $\pm 2\,^0/_0$ vom Sollwert. Es empfiehlt sich stets, in dem Skalenbereich zwischen 100 und 10000 zu messen, d. h. den Meßbereichumschalter auf den jeweils günstigsten Wert einzustellen. Bei der Messung sehr kleiner Kapazitäten zwischen 20 und etwa 200 pF tritt durch die Anfangskapazität der Brücke ein zusätzlicher Fehler von etwa 3 pF auf, der durch Abzug vom Meßergebnis berichtigt wird.

### 3. Kreuzungen

#### a) In einem einzeladrigen Kabel (Bild 92)

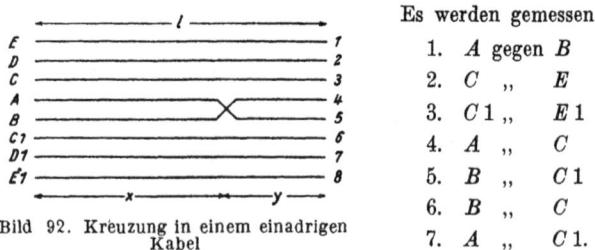

Bild 92. Kreuzung in einem einadrigen Kabel

Es werden gemessen

1. $A$ gegen $B$
2. $C$ ,, $E$
3. $C\,1$ ,, $E\,1$
4. $A$ ,, $C$
5. $B$ ,, $C\,1$
6. $B$ ,, $C$
7. $A$ ,, $C\,1$.

Messung 1 ergibt die Kapazität zweier Nachbaradern gegeneinander . . . . . . . . . . . . . . . . . . . $= a$.
Ist $l$ die Kabellänge in m, so ist die Kapazität für 1 m $= a/l$.
Messung 2 und 3 ergeben die Kapazität zweier durch eine
Zwischenader getrennter Adern. Mittelwert ½. Ergebnis
2 + Ergebnis 3 . . . . . . . . . . . . . . . . $= b$,
und die Kapazität auf 1 m . . . . . . . . . . . $= b/l$.
Messung 4 und 5. $A/C$ sowie $B/C$ 1 haben auf der Strecke $x$
die gegenseitige Kapazität . . . . . . . . . . . . $xa/l$,
auf der Strecke $y$, wo sie durch eine Zwischenader getrennt sind . . . . . . . . . . . . . . . . . . $yb/l$.
Der Mittelwert . . . . . . . . . . . . $c = xa/l + yb/l$. (1)
Messung 5 und 6. $B/C$ sowie $A/C$ 1 haben auf der Strecke $x$
eine gegenseitige Kapazität . . . . . . . . . . . $xb/l$,
auf der Strecke $y$ . . . . . . . . . . . . . . . $yb/l$.
Der Mittelwert . . . . . . . . . . . . $d = xb/l + ya/l$. (2)

Aus (1) und (2) ergibt sich dann. . . . $x = \dfrac{ac - bd}{(a+b) \cdot (a-b)}$ (3)

### b) In einem doppeladrigen Kabel (Bild 93)

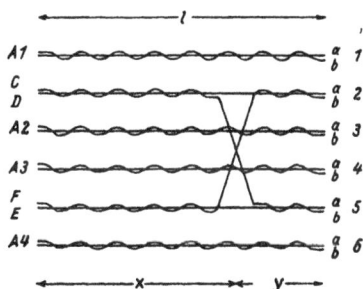

Bild 93. Kreuzung in einem doppeladrigen Kabel

Messungen 1...3. Es wird die gegenseitige Kapazität jeder der
regelrecht geschalteten Adernpaare $A$ 1, $A$ 2, $A$ 3 und $A$ 4
gemessen. . . . . . . . . . . . . . Mittelwert $= a$.
Messungen 4 und 5. $C$ gegen $D$ und $E$ gegen $F$ „ $= c$.
Messungen 6 und 7. $C$ gegen $E$ und $F$ gegen $D$ „ $= d$.
$b =$ der Kapazität $C$ gegen $E$ auf der Strecke $x$ und $C$ gegen $D$ auf $y$;
$a =$ der Kapazität $C$ gegen $D$ auf der Strecke $x$ und $C$ gegen $E$ auf $y$;
da $b + a = c + d$ ist (s. Messungen 4 und 5 sowie 6 und 7),
ist $\quad b = c + d - a$ . . . . . . . . . . . . . . . (4).
Wird dieser Wert für $b$ in (3) eingesetzt, ist

$$ x = l \cdot \frac{a - d}{2a - (c+d)} \quad \ldots \ldots \ldots \quad (5). $$

Fällt nach dem Ergebnis der Messung die Kreuzungsstelle nicht mit einer Lötstelle zusammen, so sind die Adern vermutlich innerhalb des Kabels zum zweiten Male gekreuzt worden. Zur einzelnen Eingrenzung muß dann eine Lötstelle auf der Tauschstrecke geoffnet werden.

## I. Kabelsucher

### 1. Wirkungsweise

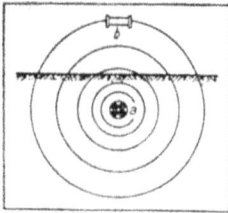

Bild 94. Wirkungsweise des Kabelsuchers

Ist die Lage eines fehlerhaften Kabels nur ungenau oder gar nicht in Plänen (s. Planung von Fernmeldeanlagen)[1]) festgelegt, so muß das Kabel gesucht werden. Hierzu wird in eine Kabelader tonfrequenter Wechselstrom geschickt und das sich um das Kabel verbreitende magnetische Wechselfeld mit einer Spule aufgespürt (Bild 94). Die Stärke der in der Spule induzierten Wechselspannungen ist von der Stellung der Spulenachse zur Leiterachse abhängig und kann nach Verstärkung in einem Fernhörer wahrgenommen werden (Bild 95). Sie ist am größten, wenn beide Achsen senkrecht zueinander liegen. Die Windungszahl der Spule und die Größe eines parallelgeschalteten Kondensators sind so gewählt, daß ein Schwingungskreis mit der Resonanzfrequenz von 800 Hz entsteht. Bild 96 gibt das Gerät wieder.

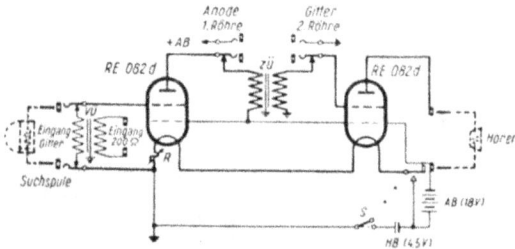

Bild 95. Schaltung des Kabelsuchers

### 2. Benutzung

Mit einem Hilfssummer, der 800 Hz erzeugt, werden Morsezeichen in die Schleife geschickt, die aus einer Ader des zu suchenden Kabels und der Erde gebildet wird. Um einen Rückstrom über den Kabelmantel, durch den u. U. die Wirkung nach außen unmoglich gemacht

---

[1]) Im selben Verlag erschienen.

werden kann, zu vermeiden, muß dieser von seinem Erder getrennt werden. Aus den storenden anderen Frequenzen sind die Morsezeichen bald herauszuhören. Der Verlauf des Kabels wird durch die Stellen großter Lautstarke gegeben, die man beim Fortschreiten mit der Such-spule in der Richtung senkrecht zur Spulenachse erhält.

Bild 96. Kabelsucher

# Sachverzeichnis